人工智能理论、算法与工程技术丛书

超启发式算法

——理论与应用

Hyper–Heuristics
——Theory and Applications

[南非] 奈利西亚 · 皮莱（Nelishia Pillay）
[英] 屈　嵘（Rong Qu） 著
李小帅　姜晓平　杨俊安 译

国防工業出版社
· 北京 ·

著作权合同登记　图字：01-2024-6591 号

图书在版编目（CIP）数据

超启发式算法：理论与应用 /（南非）奈利西亚·皮莱（Nelishia Pillay），（英）屈嵘（Rong Qu）著；李小帅，姜晓平，杨俊安译. --北京：国防工业出版社，2025. 3. --ISBN 978-7-118-13586-2

Ⅰ. O242.23

中国国家版本馆 CIP 数据核字第 2025ER0214 号

First published in English under the title
Hyper-Heuristics: Theory and Applications
by Nelishia Pillay and Rong Qu

※

国防工业出版社出版发行
（北京市海淀区紫竹院南路 23 号　邮政编码 100048）
三河市天利华印刷装订有限公司印刷
新华书店经售

*

开本 710×1000　1/16　印张 9¾　字数 160 千字
2025 年 3 月第 1 版第 1 次印刷　印数 1—2000 册　定价 78.00 元

（本书如有印装错误，我社负责调换）

国防书店：（010）88540777　　书店传真：（010）88540776
发行业务：（010）88540717　　发行传真：（010）88540762

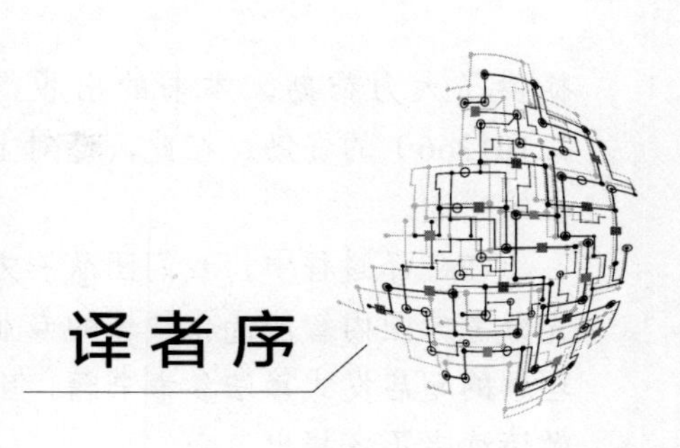

译者序

超启发式算法是智能优化领域的一个新兴研究方向。近年来，超启发式算法的研究与应用进入了快速发展阶段，越来越多的研究人员开始从事超启发式算法的设计与实现，相关的研究论文和国际会议数量不断增加，超启发式算法的应用领域也逐渐扩展，已在蜂窝通信、物流配送、人力资源调度和日程编排等诸多领域得到了成功应用。

尽管超启发式算法的研究与应用在国内外都受到了广泛的关注，但现有的关于超启发式算法的研究成果仍主要以期刊和会议论文的形式呈现出来，系统性、全面性、针对性与实用性较强的参考书籍一直比较匮乏。作为全球首本关于超启发式算法的专著，南非奈利西亚·皮莱（Nelishia Pillay）教授和英国屈嵘（Rong Qu）教授精心编写的《超启发式算法：理论与应用》填补了智能优化领域的这一空白。该书体系合理，内容翔实，既注重介绍超启发式算法的基础理论，也注重介绍超启发式算法的实际应用，同时还介绍了该领域的最新研究进展与未来发展趋势，不仅可以帮助读者系统地学习超启发式算法，同时为超启发式算法的研究提供了新的思路。

目前，国内暂无关于超启发式算法的中文专著。为了将这本全球首部关于超启发式算法的优秀专著推荐给国内的高校师生、研究人员与工程技术人员，我们团队承担了《超启发式算法：理论与应用》的翻译工作。作为首部超启发式算法专著的中文译本，本译著付梓成书后，将极大地满足国内智能优化相关专业的广大师生和科研人员的迫切需求，是国内读者快速入门超启发式算法并进阶提高的一本难得的参考书籍。

本书可作为国内高等院校运筹学、管理科学与工程、计算机科学与技术、人工智能、系统科学与工程和自动控制等专业高年级本科生和研究生的教材，也可供从事智能优化的研究人员与工程技术人员参考。

本书的前言以及第 1～6 章由姜晓平翻译，第 7～13 章以及附录由李小帅翻译，全书的统稿校对工作由杨俊安教授完成。国防工业出版社为本书的出版提供了大力帮助。本书的出版得到了国家自然科学基金项目（62201601、72101266）的资助。在此，谨对上述参与和支持本书出版的单位和个人表示衷心的感谢。

在翻译过程中，我们团队一方面尽可能复原原著的思想和理念，另一方面充分考虑国内智能优化领域的专业术语，力求为读者提供一本准确翔实且易于理解的超启发式算法参考书籍。但由于水平有限，译文难免有疏漏和不妥之处，敬请读者不吝指出。

译　者

2023 年 12 月

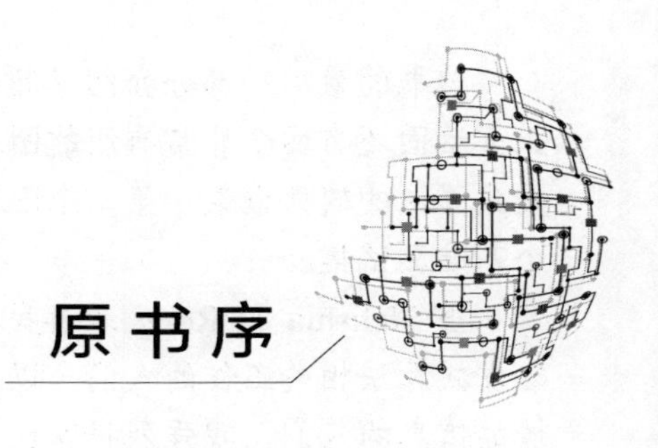

原书序

不知不觉间，我从事超启发式算法领域的研究已将近 20 年了，这一点连我自己都难以置信。我的第一篇关于超启发式算法的研究论文发表于2001年，这篇论文是与我指导的博士研究生 Eric Soubeiga，以及他的副导师 Peter Cowling 一起合作完成的。从那时起，我发表了许多研究论文，涉及多个不同的研究领域，但是，4 篇引用量最高的研究论文都是关于超启发式算法的。同时，我很高兴地看到，越来越多的研究人员也开始从事超启发式算法领域的研究工作。简单查询一下 Scopus 数据库（2018 年 6 月 27 日）就可以发现，从 2001 年起，已有 729 篇超启发式算法相关的论文发表，被引用量达 6345 次。

本书具有较高的学术价值，可以为任何对超启发式算法感兴趣的研究人员提供有益的参考。多年来这个领域一直缺少一本关于超启发式算法的参考书，该书的问世填补了这一空白。每一位对超启发式算法感兴趣的研究人员，其书架上都应该有 Nelishia 和 Rong 合著的这本书。

本书的三大部分内容相对独立，读者既可以通读，也可以根据实际需要选读。该书的第一部分包括 6 章内容。其中，前 5 章内容为超启发式算法概述，这部分内容特别适合于初学者，以及那些曾经接触过某一类超启发式算法但希望拓宽该领域知识的研究人员。该书第 6 章内容偏重于从理论方面介绍超启发式算法。

工业界和学术界对本书的第二部分应该比较感兴趣。这一部分重点介绍超启发式算法在一些特定类型问题上的应用，包括车辆路径规划问题、护士排班问题、装箱问题和考试时间表编排问题。虽然本书所讨论的问题领域本身都比较有趣，但如果能将算法扩展到其他问题领域，掌握如何调整算法来适应其他问题类型，将大有裨益。事实上，这正是超启发式算法最大的优势之一，与许多其他搜索策略相比，这一优势更为突出。超启发式算法在设计之初就是用来适应变化的环境，在多个不同的问题领域中均能够给出高质量的解，这种能力在文献中已有翔实的记录。

该书的最后一部分介绍了超启发式算法的历史、现状以及未来发展方向。正文后面还有两个非常有用的附录，第一个附录介绍了可以用来辅助开发超启发式算法的软件框架，第二个附录则列举了常用来评价超启发式算法性能的多个基准测试集。

当 Nelishia 和 Rong 邀请我为此书作序时，我深感荣幸。对于正在从事超启发式算法相关工作的人们，以及仅仅想了解更多关于这个令人激动的研究领域的信息的人们，我强烈推荐此书。该书对于那些想轻松入门超启发式算法，以及那些在该领域已有较多研究经验的人们，都非常有用。当我们想在超启发式算法领域开始一个新的研究课题时，这本书应该是首选。

希望读者能像我一样喜欢这本书，我也衷心祝贺 Nelishia 和 Rong 完成了这样一本精品著作。

吉隆坡，马来西亚，2018 年 6 月

Graham Kendall

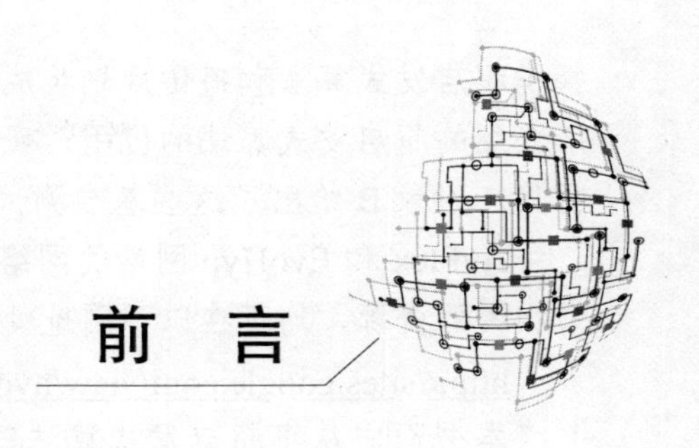

前言

超启发式算法是一种相对较新的技术，旨在有效求解多种多样的实际优化问题。本书是全球首本关于超启发式算法的专著，目的是总结超启发算法的基础理论与实际应用，为该领域提供一个坚实的基础。

本书分为三大部分。第一部分“超启发式算法：基础理论”首先在第2～5章对四种类型的超启发式算法，即选择构造类、选择摄动类、生成构造类和生成摄动类超启发式算法，进行了概述，每一类算法的介绍篇幅为一章。自从超启发式算法被提出以来，关于在由启发式算法构成的搜索空间进行搜索这一方向上，从理论层面开展的相关研究一直较少，第6章重点关注这个问题。本书第6章给出了超启发算法的严格定义，并且介绍了一个双层框架，用以描述超启发式算法与搜索空间之间的关系。

本书的第二部分“超启发式算法的应用”重点关注超启发式算法在现实世界，尤其是工业界，出现的优化问题中的应用。第7～10章分别介绍了超启发式算法在车辆路径规划问题、护士排班问题、装箱问题和考试时间表编排问题中的应用。跨领域超启发式算法的研究目的是提高超启发式算法的泛化能力，使其能够求解多个不同领域的问题，而不仅仅是某个特定领域的问题。第11章介绍了跨领域超启发式算法，重点讨论了该领域已取得的进展。

本书的第三部分“过去、现在与未来”首先介绍了超启发式算法领域的几个高阶算法即混合超启发式算法、用于算法自动化设计的超启发式算法、超启发式算法的自动化设计，以及用于连续优化的超启发式算法；接下来，该部分内容对超启发式算法领域进行了总结，并给出了该领域未来的研究方向。

在附录A中，本书介绍了超启发式算法框架的细节和一个工具箱。有了该工具箱，人们无须从零开始编写相关程序代码，就可以进入超启发式算法研究领域。HyFlex是一个算法框架，用于实现选择摄动类超启发式算法，从而求解多个领域的问题。HyFlex提供了6个问题领域的算法库，其中的算法均为摄动类算法。EvoHyp是一个由算法库构成的工具箱，其中的算法包括遗传算法选择类超启发式算法和遗传规划生成构造类超启发式算法。对于在第 7～10 章中所介绍的超启发式算法的应用，研究人员通常会用到若干个公开的基准测试数据集。附录 B 给出了这些基准测试数据集的详细介绍。

HyFlex 和 EvoHyp 网站的网络链接、基准测试数据集的详细介绍，以及本书相关的资源，均可在以下网址处获取。

http://sites.google.com/view/hyperheuristicstheoryandapps

本书面向从事超启发式算法领域工作的研究生、科研人员和相关专业人员，也可作为超启发式算法相关的研究生课程的教材。

无论从应用方面还是理论方面来说，超启发式算法都是一个快速发展的研究领域，并且仍有很大的发展空间。我们希望本书不仅可以为读者在该领域从事研究与应用打下良好的基础，也可以促进超启发式算法领域的进一步发展。我们非常享受撰写此书的乐趣，著书的同时纵览了现有的相关文献，并在超启发式算法的应用与理论之间建立起了桥梁。我们希望读者能喜欢本书，同时欢迎广大读者向我们提出意见和建议。

南非比勒陀利亚　Nelishia Pillay
英国诺丁汉　Rong Qu
2018 年 5 月

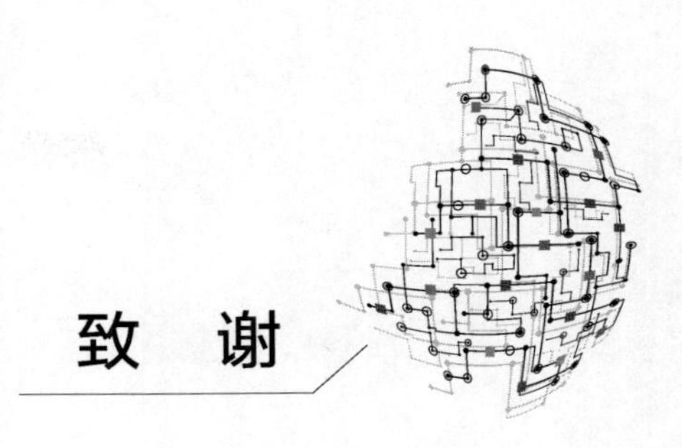

致　谢

Graham Kendall 教授对本书的最终草稿给出了宝贵的反馈意见，为此，本书作者向 Graham Kendall 教授表示感谢。同时，感谢 Graham Kendall 教授为本书作序。感谢 Derrick Beckedahl 先生为本书以及 EvoHyp 工具箱开发了网站，以及对本书的最终草稿进行了校对。最后，对 Ronan Nugent 先生为本书在撰写过程中所给予的建议和支持表示诚挚的谢意。

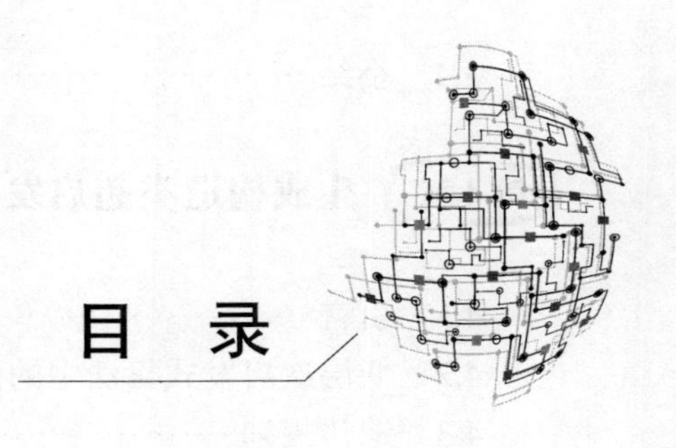

目 录

第一篇 超启发式算法：基础理论

第二篇　超启发式算法的应用

第三篇　过去、现在与未来

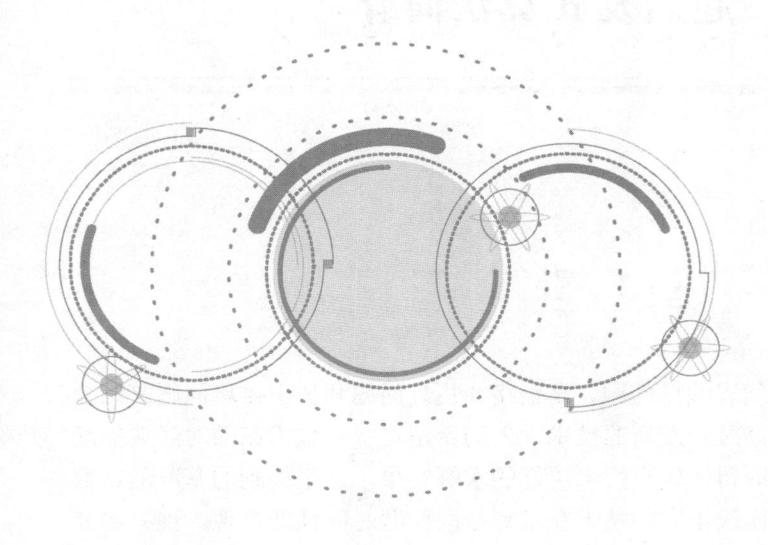

第一篇　超启发式算法：基础理论

第1章 超启发式算法简介

1.1 引　言

求解诸如考试时间表编排问题、车辆路径规划问题和护士排班问题等组合优化问题的相关研究涉及开发新的技术，人们希望这些新技术在面对经典的基准测试数据集时能够取得比现有技术更好的求解结果。这里提到的基准测试数据集是公开的，用以比较不同的技术在求解相同问题时的性能表现。现有研究已表明，尽管某个技术可以在一两个问题实例上给出最好的结果，但在其他问题实例上通常表现较差。

超启发式算法的出现源于人们尝试为组合优化问题开发泛化能力更好的求解算法，即算法在一系列问题上均有较好的性能表现，而非仅能在特定领域内的少数几个问题实例上取得不错的求解结果。为了实现这种泛化能力，超启发式算法并非是在由问题的解构成的搜索空间中进行搜索，而是在由启发式算法构成的搜索空间进行搜索。因此，超启发式算法要么从低层次的启发式算法中选择一个，要么生成一个低层次的启发式算法，再利用这个低层次的启发式算法来求解我们所面临的优化问题。选择或者生成一个低层次的启发式算法可以采用多种不同的技术，例如，案例推理技术、局部搜索算法和遗传规划（又称遗传编程，Genetic Programming）算法。低层次的启发式算法将在 1.2 节中进行介绍，1.3 节讨论了超启发式算法的分类。

1.2　低层次的启发式算法

前文已述，超启发式算法可以从低层次的启发式算法中选择一个，用来创建或者改善一个解，也可以生成新的低层次的启发式算法。低层次的启发式算法分为构造类和摄动类两类，通常都是针对某一特定的问题领域所开发的，因此只适用于求解特定的问题。

构造类启发式算法通常用来构造优化问题的初始解。这个初始解可作为诸如禁忌搜索或模拟退火等优化算法的起始点来开启问题求解过程。例如，在考试时间表编排问题这一领域，构造类启发式算法可用来选择下一个需要编排时间的考试，选择的主要依据是每个考试的时间编排的难易程度度量值。可以用来求解考试时间表编排问题的构造类启发式算法包括时间冲突程度最大算法、时间冲突加权程度最大算法、颜色冲突程度最大算法，以及报名人数最多算法和饱和程度算法等。在诸如遗传算法等群体优化算法中，时间表的初始种群通常是用低层次的启发式算法创建的，而非随机生成的。要构造一个初始解，也就是种群的一个个体，首先根据各门考试的启发值来对考试进行排序，然后将各门考试按照顺序分配到时间表中。类似地，在一维装箱问题领域中，构造类启发式算法被用来决定将一个物品放入哪个箱子中。针对这一领域的构造类启发式算法的例子还包括首次适配算法、最佳适配算法、循环首次适配算法、最劣适配算法等。

摄动类启发式算法通常用来改善已有的一个初始解，这个初始解可能是随机生成的，也可能是构造类启发式算法给出的。低层次的摄动类启发式算法对初始解进行调整，调整效果与局部搜索算法中用来探索某个点的邻域的动作算子相似。摄动的具体形式取决于问题领域。例如，在考试时间表编排问题中，摄动类启发式算法就包括交换两个时间段中安排的考试、交换时间表中的两行、移除时间表中的某个考试和将一个考试分配到某个时间段中。

1.3 超启发式算法的分类

前文已述，超启发式算法要么从现有的低层次启发式算法中选择一个，要么生成一个新的低层次启发式算法，而且低层次的启发式算法可能为构造类或者摄动类。鉴于此，超启发式算法可分为选择构造类、选择摄动类、生成构造类和生成摄动类共 4 类。

选择构造类超启发式算法在每次构造解时都会选用一个低层次的启发式算法。选择低层次的构造类启发式算法的技术包括案例推理技术、局部搜索算法、群体算法、自适应算法和混合算法。本书第 2 章将详细讨论选择构造类超启发式算法。

选择摄动类超启发式算法在每次改善解时都会选用低层次的摄动类启发式算法。这些启发式算法可以进行单点或多点搜索。在前一种情况下，超启发式算法由两部分组成，启发式算法选择部分主要是从若干低层次的摄动类启发式算法中选用一个，移动动作评估部分主要用来决定是否接受低层次的启发式算法所给出的移动动作。目前，可以采用多种技术来实现启发式算法选择和移动动作评估。利用多点搜索来选择低层次启发式算法的选择摄动类超启发式算法，通常采用诸如遗传算法等群体优化算法来搜索由启发式算法构成的搜索空间。由于群体优化算法本质上既进行启发式算法选择，又进行移动动作评估，因此这种超启发式算法并不含有独立的启发式算法选择部分和移动动作评估部分。本书第 3 章将介绍选择摄动类超启发式算法。

生成构造类超启发式算法会针对问题领域创建新的低层次构造类启发式算法，所创建的启发式算法可用来构造初始解，对于这个初始解，也可以采用其他的技术对其进行进一步优化。目前，超启发式算法主要采用遗传规划来创建构造类启发式算法。低层次启发式算法的组成部分包括现有的低层次启发式算法，或者这些现有算法的某个部分，以及优化问题自身的特性。这些组成部分通过诸如“if-then-else”等代数运算符和条件运算符结合到一起。进化之后的启发式算法可能是一次性的，即用后即丢弃，也可能是重复使用的。一次性的启发式算法主要用来求解一个特定的问题实例，而可重复使用的启发式算法是通过一个或多个问题实例来生成的，并且可以用来求解该算法未曾“见过”的问题实例，即在启发式算法的推导和创建过程中未曾用到过的问题实例。本书第 4 章将介绍生成构造类超启发式算法。

生成摄动类超启发式算法会给出新的低层次摄动类启发式算法。这些新的低层次启发式算法是通过条件语句将现有的低层次摄动类启发式算法和接受标准相结合来创建的，所采用的条件语句通常为“if-then-else”形式。所使用的条件包括是否找到一个可行解和是否找到一个局部最优解等。对此，本书第 5 章有更多详细介绍。

第2章 选择构造类超启发式算法

2.1 引　言

选择构造类超启发式算法每次选用一个低层次的启发式算法来构造组合优化问题的解。正如在第1章中所介绍的，低层次构造类启发式算法主要用来为优化过程构造完整解或初始解。问题的求解过程通常从初始状态开始，然后经过多个不同的中间状态，直至达到最终状态或求解完成状态。

选择构造类超启发式算法从若干低层次的构造类启发式算法中选用一个，以实现从一个问题求解状态转移到下一个问题求解状态。低层次的启发式算法的性能表现与所要求解的优化问题密切相关。定义2.1中给出了选择构造类超启发式算法的严格定义。

定义2.1　给定一个问题P和针对该问题领域的低层次启发式算法构成的集合$L=\{L_0,L_1,\cdots,L_n\}$，选择构造类超启发式算法为问题P构造解s的过程是：从初始状态开始，选择构造类超启发式算法每次从集合L中选用一个低层次启发式算法，以实现从一个问题求解状态s'转移到下一个问题求解状态s''，直至达到问题求解状态s。

超启发式算法一般采用诸如元启发式算法或者案例推理等高层的技术来选择低层次的启发式算法。选择构造类超启发式算法求解问题时通常的算法步骤如算法1所示。

本章接下来的几部分将对选择构造类超启发式算法所使用的4类技术，即案例推理技术、局部搜索算法、群体算法，以及混合与自适应算法一一进行概述。

算法 1　选择构造类超启发式算法

1: **Procedure** SelectionConstructiveHyperHeuristic (p,L)
2: 　将解 s 初始化为空解
3: 　**repeat**
4: 　　利用技术 T 从 L 中选择一个低层次的构造类启发式算法 L_i
5: 　　使用 L_i 来扩展解 s
6: 　　**until** 解 s 被完全构造好
7: 　　返回解 s
8: **end procedure**

2.2 案例推理技术

案例推理技术（Case Based Reasoning，CBR）通常利用以前解决相似问题的方案来达成对新问题（新案例）的求解，这些相似问题作为已解决过的源案例，被存储在案例库中。案例推理技术利用检索与匹配算法来寻找与新问题最匹配的源案例。基于相似问题具有相似解这一假设，通过重用或者修改源案例的解来求得新问题的解。

案例推理技术是第一个用来实现选择构造类超启发式算法，进而求解组合优化问题的技术。算法 2 阐述了 CBR 选择构造类超启发式算法的实现过程。

算法 2　实现一个 CBR 选择构造类超启发式算法

1：创建一个初始案例库
2：定义相似度度量标准，以其来计算案例之间的相似度
3：通过训练集来评估案例库，以改善相似度度量标准中所用的特征和权值
4：通过评估 CBR 系统在训练集上的性能表现来改善案例集

首先创建一个初始案例库，见算法 3。案例库中的每一个源案例均由两部分构成，一部分为问题状态的描述，另一部分为在该源案例上性能表现最佳的启发式算法。我们通常从问题的特征方面对每个源案例进行描述，尽管对于某些问题而言，这种描述的形式比较复杂。例如，对于考试时间表编排问题，典型的特征包括硬约束的数量、软约束的数量、考试的数量和冲突矩阵的密度等。

对于每个源案例描述，我们都会存储一个启发式算法，并且用这个算法来构造一个解。在文献[37]所开展的研究中，作者为每个源案例存储了 5 个性能最佳的启发式算法，并将这 5 个算法按照目标函数值由小到大的顺序进行排列。

要建立一个有效的 CBR 系统，选择合适的特征集合和源案例集合至关重要。正如在算法 3 中所介绍的，初始的特征集合需要进一步优化，以获得对于构造解而言更为有效的特征集合。初始的特征集合通常包括问题状态的所有可能特征。在 Burke 等开展的研究中[40]，特征被分为简单的、复杂的，以及这个初始集合的子集的组合等三类。

算法 3　创建一个初始案例库

1：选择一个初始特征集合

2：为每个特征选择权值

3：选择一个具有不同特征的问题状态的集合

4：利用不同的构造类启发式算法来求解问题

5：将问题状态作为案例进行存储，案例通常用问题特征和对应的性能表现最佳的构造类启发式算法来表示

针对一个新问题，为了找到该问题的解，我们首先找到一个与手头的新问题最相似的源案例，然后用搜索到的启发式算法或者启发式算法序列来构造问题的解。案例之间的相似度是由基于案例特征的相似度度量标准来确定的。常用的一个相似度度量标准是最近邻，即

$$S(\mathrm{SC},P)=\frac{1}{\sqrt{\sum_{i=0}^{j} w_i(\mathrm{fsc}_i-\mathrm{fp}_i)^2+1}} \tag{2.1}$$

式中：SC 为从案例库中搜索出的源案例；P 为需要我们解决的新问题；第 i 个特征的权值为 w_i 。fsc_i 和 fp_i 分别表示 SC 和 P 的第 i 个特征，通过计算所有 j 对特征的加权和可以得到 $S(\mathrm{SC},P)$，$S(\mathrm{SC},P)$ 用以定义 SC 和 P 之间的相似度。$S(\mathrm{SC},P)$ 的值越大则意味着相似度越高。

为了提升 CBR 系统的性能表现，在初始案例库和相似度度量标准的基础上，我们需要对用来表示案例库中源案例的特征进行改进。首先，通过优化技术对一组训练案例进行标注，每个案例的标签为在该案例上性能表现最佳的启发式算法。然后，根据对这些训练案例所标注的最佳启发式算法，不断调整相似度度量标准中特征的权值。以上过程循环进行，直到用相似度度量标准所搜

索到的案例对应的启发式算法与训练案例集合中所指定的大部分案例相匹配。这个训练过程也可视为一个组合优化问题，文献[40]就使用了局部搜索算法来寻找特征及其权值的最优组合。

为了进一步改善源案例，我们仅将那些有助于更加准确地推荐最佳启发式算法的案例保留在案例库中。通过一个训练案例集合来进行上述的系统训练时，可以采用多种技术。在文献[37]中，Burke 等提出了一个名为“移除一个”的方法，实现了搜索最佳的启发式算法时的最高准确率。所提出的方法是一个循环算法，每次循环中移除一个源案例并测试其效果。

基于 CBR 的选择构造类超启发式算法已被用来求解教育领域的时间表编排问题，即大学中的课表编排和考试时间表编排[37,40,135]。

2.3 局部搜索算法

局部搜索算法一般运行在由解构成的空间中。在每次循环中，局部搜索算法通过动作运算符来探索某个初始解的邻域，该邻域能够改善解的质量，算法不断重复该过程，直至无法进一步改善解的质量，也就是说，算法已经找到了局部最优解。可归类为局部搜索算法的各种算法间的主要差异在于跳出局部最优解的方法不同。禁忌搜索算法（Tabu Search，TS）利用短期记忆来避免邻域在设定的循环次数内被重复访问。在每次循环中，TS 用邻域中质量最好的解来替代当前解，算法不断循环该过程，直到满足终止条件。变邻域搜索算法（Variable Neighborhood Search，VNS）通过在不同的邻域间进行切换来跳出局部最优解。该算法在邻域扰动、局部搜索和移动这几个过程中不断循环。在每次循环中，从当前解的多个邻域中随机选择一个，然后对该邻域进行局部搜索。如果局部搜索算法生成的解质量优于当前解，则用该解来替换 VNS 的当前解。迭代局部搜索算法从一个初始解开始，利用局部搜索算法来找到局部最优解，此时加入扰动来跳出局部最优解，然后在解空间中的新区域中再次使用局部搜索算法寻优。

对于在选择构造类超启发式算法中所使用的局部搜索算法，搜索空间为由启发式算法构成的空间，而非由问题的解构成的空间。此时局部搜索算法将探索由启发式算法组合所构成的邻域，而启发式算法组合由适用于问题领域的低层次构造类启发式算法所组成。算法 4 描述了使用启发式算法组合来构造问题的解这一过程。在算法 4 中可以看到，要构造一个问题的解，每个启发式算法

被运行了 t 次。t 的取值下限为 1，上限则与所求解的问题相关。例如，$h_4h_2h_2h_3h_1h_4h_1$ 即为一个启发式算法组合。在启发式算法组合中，一个构造类启发式算法可以出现多次，也可以出现在组合的不同位置。

算法 4　使用启发式算法组合 h 来构造一个问题的解

1：**procedure** CreateSolution（h,t）
2:　初始化一个空解 s
3：**for** $i=1$ **do** length(h)
4：　　**for** $j=1$ **do** t
5：　　　　运行 h 中的第 i 个启发式算法 h_i 来扩展解 s
6：　　**end for**
7：**end for**
8：返回 s
9：**end procedure**

算法 5 描述了用来探索由启发式算法构成的搜索空间的局部搜索算法。搜索时首先构造一个初始的启发式算法组合，这个初始的组合可以是随机创建的，也可以是由某个特定的低层次启发式算法组成，例如，$h_3h_3h_3h_3h_3$。可以使用动作运算符（算法 5 的第 4 行）来改变启发式算法组合中的一个或者多个低层次启发式算法。每个启发式算法组合被用来构造问题的一个解。局部搜索算法所采用的评价标准将以构造的解 s 所对应的目标函数值作为输入，来判断是否接受 H。对于某些问题领域来说，启发式算法组合可能得到不可行解，例如，文献[27]就得到了不可行的考试时间表。最终得到不可行解的这些启发式算法组合将被存储起来，以保证搜索空间的对应区域不会被再次搜索。

在由启发式算法构成的空间中所进行的动作，与在解空间中进行的动作有对应关系。研究表明，对于选择构造类超启发式算法，在由启发式算法构成的空间中进行诸如改变启发式算法组合中的一个低层次启发式算法等小幅度微调动作[38]，可能对应于解空间中的一个大幅度动作，从而使搜索算法能够更快地完成对解空间中更大区域的搜索[38]。关于这一点，我们将在本书第 6 章中作进一步讨论。

在选择构造类超启发式算法中，已有学者在考试时间表编排和课程时间表编排两个问题中采用禁忌搜索算法[38]和变邻域搜索算法[28]来搜索由启发式算法构成的空间。文献[151]指出，求解课程时间表编排和考试时间表编排的标准测试问题时，基于变邻域搜索和迭代局部搜索的超启发式算法在 4 种局部搜索算法中性能表现最佳。该文献还分析了在由启发式算法构成的空间和解空间这两种搜索空间中的搜索过程，本书第 6 章和第 10 章将给出关于这一点的更多细节。

算法 5　运行在由启发式算法构成的搜索空间中的局部搜索算法

1：构造一个初始的启发式算法组合 $h_1h_2\cdots h_n$
2：**procedure** Search(h)
3：　　**repeat**
4：　　　　改变 h 中的一个或者多个启发式算法 h_i
5：　　　　使用 h 构造问题的一个解 s
6：　　　　计算解 s 对应的目标函数值 f
7：　　　　根据算法中使用的局部搜索算法所特有的评价标准，以及 f，来决定是否接受 h
8：　　**until** 算法满足终止条件
9：**end procedure**

2.4　基于群体的算法

局部搜索算法从搜索空间中的一个点移动到另一个点，而基于群体的搜索算法由多个点同时进行搜索。种群（即一组解）实为解空间中的若干个不同点。现有研究主要采用进化计算来搜索由启发式算法构成的空间。算法 6 描述了一般的进化算法。可以看到，遗传算子被用到启发式算法组合中，从而在由启发式算法构成的空间中实现集中搜索和多样化搜索。

算法 6　遗传进化算法

1：构造一个初始的群体
2：**repeat**
3：　　评估种群
4：　　选择父母
5：　　将遗传算子应用于父母，以创造新一代的后代
6：**until** 算法满足终止条件

种群中的每个个体，即染色体，均为一个启发式算法组合。启发式算法组

合由低层次构造类启发式算法组成，组合中的每个启发式算法均为由选择构造类超启发式算法所选出的启发式算法。其中的选择过程由遗传算法中的适应度评估、选择和再生成等操作来完成。每个染色体都被用来求解一个或者多个问题案例，并且，在单个问题案例的情况下，适应度为目标值，而在多个不同的问题案例的情况下，适应度为目标值的函数。如果仅有一个问题案例可以用来进行评估，那么此时的目的是生成一个针对手头现有问题的专门的启发式算法组合，并且这个启发式算法组合不可重用。如果有不止一个问题案例可以用来进行评估，进而生成可重用的启发式算法组合，那么此时可将问题案例划分为训练集和测试集。训练集用来生成启发式算法组合，而测试集是一个未曾参与训练的问题案例的集合，用来测试所生成的启发式算法组合。

群体算法所采用的编码方法会对超启发式算法的性能产生影响。最简单的染色体编码方法为由某一特定类型的低层次启发式算法所构成的单一的启发式算法组合。例如，在文献[139]中，每个染色体由图着色启发式算法组成，用来构造初始的时间表。该研究比较了三种不同的染色体编码方法，包括固定长度编码、可变长度编码和 N 倍编码。在固定长度编码中，染色体的长度是固定的，其值为需要编排时间的考试的数量，每个启发式算法用来编排一个考试的时间。在可变长度编码中，预先设置一个最大值，然后就在由这个最大值和 1 构成的区间中随机选取一个值作为染色体的长度。如果考试的数量比染色体的长度值大，那么对于剩余的考试，就从第一个启发式算法开始再次使用启发式算法组合。类似地，如果染色体的长度值比考试的数量大，那么就无须使用启发式算法组合中剩余的启发式算法。在 N 倍编码中，染色体中的每一个基因都由一个整数 n 和一个启发式算法 h 组成，这个启发式算法被用来为 n 个考试编排时间。每个染色体由 m 个基因组成，染色体的形式为 $n_1h_1n_2h_2\cdots n_mh_m$。所有整数 n_i 的和等于需要编排时间的考试的数量。该项研究的实验表明，对于进化计算超启发式算法，采用可变长度编码时的算法性能比采用固定长度编码和 N 倍编码时的都要好。同时，该项研究将三种编码方法结合了起来，组合后的算法性能比采用可变长度编码时的要好。对每一种编码方法，所生成的启发式算法组合都不可重用。

一个染色体也可由多种不同类型的低层次启发式算法组成。在文献[140]针对一维装箱问题的研究中，每个染色体由两种不同类型的启发式算法构成的组合所组成，一种类型的启发式算法用来选择物品，另一种类型的启发式算法用来选择放置所选物品的箱子。该文献中的实验表明，对于进化计算超启发式算法，采用这种编码方法时的算法性能比染色体仅包含单一类型的启发式算法组合时要好，实验中所用的单一类型的启发式算法组合仅包含用于选择箱子的启发式算法。该文献中所生成的启发式算法组合不可重用。

不同的低层次启发式算法适用于不同的问题案例。而且，对于从不同的问题状态转移到解状态，不同的构造类启发式算法的性能表现也不同。因此，已有研究人员尝试将问题的特征或者问题的当前状态与低层次的启发式算法结合起来构成染色体。在染色体 $c_1c_2\cdots c_mh_1h_2\cdots h_n$ 中，前 m 个基因代表了问题案例的特征或者当前状态，剩余的 n 个基因代表了对应的低层次启发式算法。采用这种编码方法时，每个染色体表示了一种“条件-动作”规则，其中的条件为问题的特征或者当前状态，动作为要使用的构造类启发式算法[162]。

学习分类系统是一种稳态遗传算法，其将强化学习融入算法中来进行适应度评估。在这种算法中，每个染色体被表示为一对“条件-动作”，代表着一个分类器[24]。Ross 等在研究[162]中采用一个学习分类器来生成一个可重用的启发式算法组合，用以求解一维装箱问题。该研究中的每个染色体都是一种“条件-动作”规则，由表示问题当前状态和对应的启发式算法的基因所组成。

变长度染色体遗传算法是遗传算法的一种变体。在变长度染色体遗传算法中，染色体的长度可变，通过组合较短的基因块循环产生解染色体，从而不断更新问题的解[71]。Ross 等采用基于变长度染色体遗传算法的超启发式算法来求解考试时间表编排问题[160]。在该研究中，超启发式算法选用一个构造类启发式算法对考试进行选择，选用一个启发式算法对考试时间进行选择。在文献[161]中，变长度染色体遗传算法被用来搜索由启发式算法构成的空间，进而求解一维装箱问题。在该研究中，每个染色体由基因块组成，而每个基因块为一个“条件-动作”规则，其中，“条件”代表问题的状态，“动作”则代表与该状态相对应的所采用的启发式算法。算法中每次更新的规则可重复使用。文献[184]采用了相同的方法来求解二维切割下料问题。在该研究中，每个基因块包含两种类型的启发式算法，一种类型是用来选择零件图和原材料的选择类启发式算法；另一种类型是用来将若干个零件图分配给某个原材料的启发式算法。上述两项研究均使用训练集来更新启发式算法组合，得到的启发式算法组合被用到测试集上。每个染色体被用到每代上的一个不同问题，染色体的适应度是两个因素的函数，一个是染色体在多代上的适应度，另一个是采用染色体来求解问题的数量。上述两项研究均使用了两种交叉算子，一种交叉算子被用到了不同父代的每个基因块，另一种交叉算子被用到了染色体上，用来交换基因块。变异算子可以向染色体中添加基因块，或者从染色体中移除基因块，还可以改变基因块中的基因。文献[181]中采用了同样的方法来解决约束满足问题中的动态变量排序。文献[182]对该方法进行了扩展，用以求解不规则的装箱问题。在该研究中，低层次的启发式算法为选择类启发式算法，用来在求解问题时选择下一个变量。

文献[189]采用了基于派遣规则的遗传算法来更新规则，从而求解多目标和单目标的作业车间调度问题。每个派遣规则由两个序列构成，第一个序列是一系列的低层次构造类启发式算法，第二个序列是一系列的整数，每个整数代表着第一个序列中的每个启发式算法被使用的次数。

2.5　混合与自适应方法

在选择构造类超启发式算法的一些早期研究工作中，人们并没有采用搜索算法对由启发式算法构成的空间进行搜索，而是将低层次的构造类启发式算法进行不同方式的混合，或者根据启发式算法在第一阶段的性能表现，在后续阶段对初始的启发式算法组合进行调整。本节将对这些混合与自适应的方法进行概述。

在文献[41]所报道的研究中，作者将最大加权度与饱和度构造启发式算法进行组合，用来为求解考试时间表编排问题的贪心随机自适应随机算法创建一个受约束的候选解列表。该项研究表明，为了找到一个初始的可行候选解，饱和度是必不可少的，但是，由于绝大多数的考试都有相同的饱和度，因此，该组合算法在构造考试时间表的初期阶段表现不佳。相比之下，由于能够将更多的受约束的考试区分开来，最大加权度算法在初期阶段表现更佳。在超启发式算法运行过程中，算法会在启发式算法组合中自适应地确定一个开关点（开始启用饱和度启发式算法的时间点），直至找到一个可行解。在文献[151]中，对于 4 种广泛应用的图着色构造启发式算法，作者分析了这 4 种算法的多种随机组合，目的是找到这些算法在为考试时间表编排问题和图着色问题创建可行解时的一些规律。作者还开发了一种自适应的超启发式算法，将最大加权度启发式算法融入了启发式算法组合中。

Sabar 等将四种低层的图着色构造启发式算法组合起来，用以求解考试时间表编排问题[165]。作者将这些启发式算法创建成了 4 个序列，使用时对每个序列中的启发式算法划分了先后层级，即当使用第一个启发式算法后出现若干个考试的排序相同的情况时，启用第二个启发式算法来打破这种排序相同的僵局，类似地，当使用序列中的前两个启发式算法后出现若干个考试的排序相同的情况时，启用第三个启发式算法。这四个启发式算法序列被用来创建 4 个列表，每个列表中的元素为需要编排时间的考试。这 4 个列表中每个考试的排序之和，作为衡量考试时间表编排难度的总体指标。

2.6 小 结

本章概述了选择构造类超启发式算法所采用的部分方法。案例推理是最早被超启发式算法所采用的方法之一。此类方法利用先前求解类似问题的经验知识来求解新问题。这些经验知识是通过在训练案例上使用最好的构造启发式算法进行离线学习来提取得到的。案例推理方法的主要难点在于确定如何重用这些构造启发式算法来解决类似的问题状态，以及如何存储此类经验知识，即能够描述和代表每个案例的最合适的特征。要建立有效的案例推理系统，目前还需要开展更多的基于大量训练案例及其他构造超启发式算法的研究。

局部搜索算法和进化算法在搜索由启发式算法构成的搜索空间时都比较有效。人们已经对与此相关的多个问题开展过研究。目前，为了得到较好的算法性能，我们需要仔细挑选用来构成启发式算法组合的一组低层次启发式算法，因此，如何挑选一组低层次启发式算法值得进一步地研究分析。由许多发挥作用较小的构造启发式算法组成的一个大集合可能导致搜索空间过大，从而无法在有限的运行时间内找到一个最优的启发式算法组合。除了低层次的构造启发式算法之外，由启发式算法构成的搜索空间也可能由“条件-动作”规则构成，其中的“条件”为问题状态，“动作”为要使用的构造类启发式算法。研究表明，在构造问题的解的过程中，在不同的时间点可能需要不同的低层次构造启发式算法，也就是说，在所求解的问题从初始状态转移到最终解状态的过程中，每一个问题状态可能需要不同的启发式算法。研究表明，在不断调整构造启发式算法的类型，以适应创建最终解的不同阶段方面，自适应类方法比较有效。

对于诸如进化算法等群体搜索算法，每次迭代更新的启发式算法组合或者规则可能是一次性的或者可重用的。一次性的启发式算法组合或者规则用以求解某个特定案例，而可重用的启发式算法组合或者规则通过训练集可以不断更新，用以求解未曾参与训练的新的问题案例。

表 2.1 总结列出了现有文献中选择构造类超启发式算法的应用领域，以及超启发式算法所采用的技术。表中所列的研究文献中包含了选择构造类超启发式算法领域早期的一些研究工作，并涉及了一些应用领域。

在所有的应用领域中，使用选择构造类超启发式算法所取得的结果比单独使用任何一个低层次的启发式算法所取得的结果都要好。而且，超启发式算法所取得的结果与目前最好的算法所取得的结果相比具有竞争优势，在某些案例上甚至优于目前最好算法所取得的结果。在一些研究中，选择构造类超启发式算法在绝大多数问题案例上均取得了最优结果[139,161,162,184]，尽管这并不是采用选择构造类超启发式算法的主要目的。

表 2.1 用于求解学校教育相关的时间表编排问题的选择构造类超启发式算法

问题	案例推理技术（CBR）	局部搜索算法（LSM）	进化算法（EA）	混合与自适应算法（HSM）
考试时间表编排问题	Burke 等[37, 40]	Burke 等[27, 38] Qu 等[28, 151]	Pillay[139] Ross 等[160]	Burke 等[41] Qu 等[152] Sabar 等[165]
课程时间表编排问题	Burke 等[37, 40] Petrovic 等[135]	Burke 等[38] Qu 等[151]	—	—
一维装箱问题	—	—	Pillay[140] Ross 等[161, 162]	—
切割下料问题	—	—	Terashima-Marin 等[182, 184]	—
动态变量排序问题	—	—	Terashima-Marin 等[181]	—
作业车间调度问题	—	—	Vazquez-Rodriguez 和 Petrovic[189]	—
一维与二维装箱问题	—	—	Lopez-Camacho 等[105]	—

第 3 章 选择摄动类超启发式算法

3.1 引　言

在对问题的初始完整解进行改进过程中的每一步，究竟选用哪一个低层次的摄动启发式算法，这是由选择摄动类超启发式算法来决定的。通常，初始解要么是随机产生的，要么是采用构造类低层次启发式算法来产生的。人们一般通过迭代过程来不断改进初始解，直到无法进一步改进为止。该循环过程中采用一个摄动类低层次的启发式算法，改进程度是用针对该特定问题的标准来进行度量的，例如，摄动解对应的目标函数值。从初始的问题状态（或者解）开始，每次运用低层次的摄动类启发式算法都会促使求解过程由一个问题状态转移到下一个问题状态，循环执行该动作直至达到最终问题状态。在最终问题状态，无法再进一步改进解的质量。定义 3.1 给出了选择摄动类超启发式算法的一个严格的定义。

定义 3.1　给定一个问题实例 p，一个初始解 s_0，以及由适用于该问题领域的低层次摄动类启发式算法构成的一个集合 $L=\{L_0,L_1,\cdots,L_n\}$，选择摄动类超启发式算法 SPH 通过下述方法来改进解 s_0，即从集合 $L=\{L_0,L_1,\cdots,L_n\}$ 中选用一个摄动类启发式算法 L_i，从而可以由一个问题状态 s' 转移到下一个问题状态 s''，该过程循环进行，直至到达一个无法进一步改进解的状态。

与低层次的构造类启发式算法的情形类似，低层次的摄动类启发式算法的设计也因问题而异。例如，在求解考试时间表编排问题的情形中，摄动类启发式算法会交换考试时间表中两个时间段的考试，而在求解旅行商问题的情形中，摄动类启发式算法会在路径中一个新的位置处插入城市集合的一个子集。

选择摄动类超启发式算法可以采用单点搜索或者多点搜索来选用低层次的摄动类启发式算法，3.2 节和 3.3 节将分别对单点搜索和多点搜索作进一步的讨论。在单点选择摄动类超启发式算法中，一般需要做两种决策：即启发式算法选择和动作接受判断。多点选择摄动类超启发式算法采用诸如进化算法等群体算法来搜索由摄动类启发式算法构成的空间[30]。这些群体算法本身既进行启发式算法选择，又进行动作接受判断，因此，算法中无须为这两种决策设计单独的模块[5,45,60,73,157]。

3.2　单点搜索选择摄动类超启发式算法

算法 7 描述了单点搜索选择摄动类超启发式算法的一般形式。

算法 7　选择摄动类超启发式算法

1：**procedure** SelectionPerturbativeHyperHeuristic（p, L）
2：采用随机或者构造启发式算法创建一个初始解 s_0
3：　**repeat**
4：　　使用启发式算法选择方法从集合 L 中选择一个摄动类启发式算法 L_i
5：　　将 L_i 应用到解 s_i 上来生成摄动解 s_{i+1}
6：　　采用动作接受判断方法 M 来决定是否接受该动作
7：　　如果接受该动作，则 $s_i = s_{i+1}$
8：　**until** 算法满足终止条件
9：　返回 s_i
10：**end procedure**

通常使用的算法终止条件是无法进一步改进解 s_i，或者设定一个循环次数的上限值，当执行启发式算法选择和动作接受判断这一过程的次数超过该上限值时，算法就终止。下面两个小节分别概述了启发式算法选择方法和动作接受判断方法。

3.2.1　启发式算法选择方法

本小节概述了早期和目前经常使用的启发式算法选择方法。需要注意的是，由于选择摄动类方法所采用的启发式算法选择方法的种类正在快速增长，因此，本小节的概述并不能包含现有文献中所有启发式算法的选择方法。

最简单的启发式算法选择方法就是随机选择[3, 99, 118]。随机选择从备选的启发式算法列表中随机选择一个摄动类启发式算法，然后将所选的摄动类启发式算法应用到当前解 s_i 上。随机选择方法的一个变体是随机梯度方法[3,30]。随机梯度方法也是从备选的启发式算法列表中随机选择一个摄动类启发式算法，然后从解 s_i 开始，循环使用所选择的摄动类启发式算法来不断改进该解，直至无法再进一步改进该解。随机排列方法随机挑选若干个摄动类启发式算法构成一个序列，然后按顺序依次使用这些启发式算法[3, 30]。贪婪算法[30]首先运行集合 L 中所有的摄动类启发式算法，然后比较每种启发式算法得到的目标函数值，并选择最好的目标函数值对应的启发式算法。

进化算法也已经被用来进行启发式算法选择。目前，用来进行启发式算法选择的方法有两种，即锦标赛选择方法和适应度比例选择方法（也称为轮盘赌选择方法）[30]。这些方法都是从备选的低层次摄动类启发式算法构成的集合 L 中选择一个启发式算法。每个摄动类启发式算法 L 的适应度是因问题而异的，例如，在解 s_{i+1} 上应用 L 得到的摄动解 s_i 所对应的目标函数值。在锦标赛选择方法的情形下，从集合 L 中随机选择固定个数的启发式算法，然后从这些启发式算法中选择取得最好的目标函数值的那一个。相比之下，适应度比例选择方法会根据集合 L 中每个启发式算法 L 的适应度来创建一个启发式算法的集合，然后从该集合中随机抽选一个启发式算法。

针对启发式算法选择，人们引入了选择函数这一概念[30,55,89,99]。选择函数为集合 L 中的每个启发式算法 L_j 计算一个排名，该排名是根据每个启发式算法的性能表现，即截至当前算法对初始解的改进程度和目前已执行的循环中最后一次采用该算法对解的改进程度，进行计算得到的。每个 h 的排名是根据下述几个公式来计算的[55,89,99]：

$$f(h_i) = \alpha f_1(h_i) + \beta f_2(h_i) + \delta f_3(h_i) \tag{3.1}$$

$$f_1(h_i) = \sum_n \alpha^{n-1} \frac{I_n(h_i)}{T_n(h_i)} \tag{3.2}$$

$$f_2(h_j, h_i) = \sum_n \beta^{n-1} \frac{I_n(h_j, h_i)}{T_n(h_j, h_i)} \tag{3.3}$$

$$f_3(h_i) = \tau(h_i) \tag{3.4}$$

式（3.2）中的 f_1 用来度量启发式算法 h_i 近期的性能表现，该值是相对于先前 n 次调用时算法的性能表现而言。$I_n(h_i)$ 表示相比于上次调用算法，目标函数值在本次调用算法时所发生的变化量。与此类似，$T_n(h_i)$ 代表自从上次调用启发式算法 h_i 以来的时间变化量。式（3.3）中的 f_2 用来度量启发式算法 h_i 与其他所有的启发式算法成对使用时的性能表现，这种度量考察的是连续使用 h_j 和 h_i 这两种启发式算法 n 次时算法的性能表现。$I_n(h_j,h_i)$ 表示某次连续使用 h_j 和 h_i 这两种启发式算法和下一次连续使用这两种算法时目标函数值的差异值。$T_n(h_j,h_i)$ 表示从上次连续使用 h_j 和 h_i 这两种启发式算法以来的时间变化量。式（3.4）中的 f_3 是对以秒为单位的 CPU 时间的度量值，该值度量的是在改进解的过程中自从上一次调用启发式算法以来所消耗的时间。参数 $\alpha,\beta\in[0,1]$ 用来设置启发式算法 h_i 近期的性能表现的重要程度。δ 是用来保持多样性的一个参数，其取值范围为实数域。选择函数的基础是强化学习。

强化学习已被成功地应用到选择摄动类超启发式算法中来实现启发式算法选择[55, 85, 131, 132]。强化学习为集合 L 中的每个启发式算法分配一个打分值，打分值是根据每个算法在改进解的过程中的性能表现给出的。在改进解过程的初始阶段，所有的启发式算法都被分配一个相同的打分值。在后续求解过程中，如果一个低层次的启发式算法 L_i 有助于改进解的质量，则提高其打分值，反之，如果该启发式算法导致解的质量下降，则降低其打分值。在改进解的过程中，算法将选用打分值最高的启发式算法。

禁忌表[70]也已被应用在选择摄动类超启发式算法中，作为启发式算法选择模块的组成部分[36,90]，用来避免在改进解的过程中，性能表现较差的启发式算法被再次使用，或者保证在所设定的循环次数中任一个启发式算法最多被使用一次。

诸如马尔可夫链等随机方法也被用来选择启发式算法[91]。每个链均由集合 L 中的低层次启发式算法所组成。在这类方法中，启发式算法并不是按顺序使用的，而是每个启发式算法都对应一个转移概率，算法根据这个转移概率来决定下次使用哪个启发式算法。给定转移概率，轮盘赌选择方法被用来确定下一次要使用的启发式算法。

选择启发式算法的过程中是否存在学习过程，这取决于启发式算法选择模块所采用的技术。例如，在随机选择方法或者随机梯度方法的情形下，算法并不存在学习过程。然而，若从低层次启发式算法在先前改进解的循环中的性能表现这一角度来看，强化学习方法就涉及了学习过程。

3.2.2 动作接受判断方法

本节概述了早期和目前经常使用的动作接受判断方法。与启发式算法选择方法的情形类似，成功应用在选择摄动类超启发式算法中的动作接受判断方法的数量正在快速增加，因此，本小节的概述并不能包含现有文献中所有的动作接受判断方法。将摄动类启发式算法 L_j 应用到解 s_i 上会产生解 s_{i+1}，动作接受标准就是用来确定是否接受这个新解 s_{i+1} 的。动作接受判断方法给出的结果要么是接受解 s_{i+1}，在此情况下解 s_{i+1} 将会替换掉解 s_i，要么是拒绝接受解 s_{i+1}，在此情况下解 s_i 保持值不变。算法是从解 s_{i+1} 对应的目标函数值的角度来对解的质量进行度量。

最简单的动作接受判断方法为接受全部动作[30]，该方法将会接受应用启发式算法 L_j 所产生的全部解，而不考虑所生成的摄动解 s_{i+1} 的质量。该方法还有一个变体，该变体方法以指定的概率来接受一个较差的摄动解 s_{i+1} [91]。一种扩展的方法是接受改进的动作，仅当由该动作新生成的摄动解 s_{i+1} 的质量有改进时[55,99]，该方法才会接受将启发式算法 L_j 应用到解 s_i 这一做法。类似地，接受相同的和改进的动作这一方法[118,131]，当由该动作新生成的摄动解 s_{i+1} 的质量保持不变或者有所改进时，就接受该动作。Misir 等[118]对这一想法进行了扩展，提出了两种新的动作接受判断方法，即有限循环阈值接受方法和有限循环自适应阈值接受方法。有限循环阈值接受方法一般接受能保持或者改进解质量的动作，但当目前的循环次数超过了预设的循环次数最大值，或者所生成的解的适应度比当前所获得的最好的适应度的加权值（权值在参数阈值中设定）时，有限循环阈值接受方法也会接受那些降低解质量的动作。循环次数最大值和阈值均需预先设置参数值。有限循环自适应阈值接受方法与有限循环阈值接受方法类似，不过，当摄动解没有改进时，有限循环自适应阈值接受方法允许自适应地调整阈值的参数值。

局部搜索方法也已被用于动作接受判断。这类方法包括模拟退火算法[3,55,85]、逾期接受爬山算法[55]和大洪水算法[3,132]。此类方法主要是借鉴局部搜索算法来判断是否接受一个动作，并确定是否接受应用启发式算法所生成的解。由启发式算法选择模块所选择出来的启发式算法被应用到解 s_i 上来产生摄动解 s_{i+1}。局部搜索算法的接受判断方法被用来确定接受还是拒绝解 s_{i+1}。如果解 s_{i+1} 相比于解 s_i 有所改进，则接受该动作；否则，专门针对局部搜索算法开发的判断标准将被运用到该动作上，该判断标准是被局部搜索算法用来判断是否接受降低解质量的动作的。例如，模拟退火算法根据温度值来判断是否接受一个降低解质量的动作。

3.3　多点搜索选择摄动类超启发式算法

多点搜索选择摄动类超启发式算法采用诸如遗传算法[73,156,157]、粒子群算法[5]和蚁群算法[45,60]等群体算法来搜索由启发式算法构成的空间。超启发式算法会生成一个启发式算法[5]或者一个由启发式算法构成的序列[5,45,73,157]，来改进随机创建的或者由构造类启发式算法创建的初始解。当采用粒子群算法时，每个粒子就代表一个启发式算法或者由启发式算法构成的序列[5]。与此类似，在采用蚁群算法的研究中[45]，每只蚂蚁来选择下一个要使用的启发式算法。遗传算法对由低层次的启发式算法序列构成的空间进行搜索[73,156,157]。在单个启发式算法的情形下，该算法被直接用来改进初始解，而一个由启发式算法构成的序列将会被循环使用，人们依次使用序列中的每个启发式算法，来改进初始解。算法 8 描述了该过程。

算法 8　应用一个由摄动类启发式算法组成的序列

1：给定一个初始解 s_0 和一个启发式算法组合 $h = h_1h_2\cdots h_n$

2：**for** $i \leftarrow 1, n$ **do**

3：　　对于 s_i，应用所选择的 h_i 来创建 s_{i+1}

4：**end for**

5：输出显示 s_n

在选择摄动类超启发式算法所使用的多点搜索方法中，遗传算法一直都是最为流行的。种群中的每一个个体，即染色体，是一个由启发式算法所构成的序列[73,156,157]。现有研究已经表明，在遗传算法选择摄动类超启发式算法中，可变长度的染色体比固定长度的染色体更为有效[73]。每一个序列是通过从一个集合中随机选择低层次的启发式算法来创建的，该集合由适用于该问题领域并且可以选用的摄动类启发式算法所构成。初始解是通过随机选择或者采用构造类启发式算法来创建的，并被用来计算每一个染色体在每一代上的适应度。染色体的适用度是通过算法 8 来计算确定的。染色体的适用度为目标函数值的一个函数，该目标函数值指的是算法 8 给出的摄动解 s_n 对应的目标函数值。

3.4 小 结

选择摄动类超启发式算法的现有研究大多集中在单点搜索方法上，单点搜索方法主要包括启发式算法选择技术和动作判断接受方法两部分。现有研究中所使用的启发式算法选择技术是多种多样的，既包括不含学习过程的简单技术，即随机地选择一个摄动类启发式算法，也包括含有学习过程的方法，这类方法根据启发式算法在先前循环中的性能表现来选用启发式算法。最简单的动作接受判断方法为确定性的方法，即接受全部动作，或者仅仅接受能够改进解质量以及使解质量保持不变的动作。该方法的变体包括，也允许接受降低解质量的动作，这建立在一定的标准之上，例如，标准可以是一个预先设定的阈值或者改进过程的循环次数。现有研究已经表明，要完成动作接受判断，在诸如模拟退火算法、大洪水算法和延迟接受爬山算法等局部搜索算法中所采用的动作接受判断方法也是有效的。

近年来，诸如遗传算法和粒子群算法等多点搜索算法也已被选择摄动类超启发式算法所采用。对单点搜索和多点搜索选择摄动类超启发式算法在求解不同领域的问题时的性能表现开展对比研究是一个值得进一步深入研究的领域。表 3.1 和表 3.2 分别列出了一些单点搜索和多点搜索超启发式算法已经获得成功应用的领域。

表 3.1 单点搜索选择摄动类超启发式算法的相关应用

问题领域	启发式算法选择	动作接受判断
最大可满足性问题[99]	随机，选择函数	仅接受能够改进解的质量的动作
护士排班问题[36]	含禁忌表的强化学习	接受全部动作
大学课程时间表编排问题[36]	含禁忌表的强化学习	接受全部动作
多维背包问题[36]	随机，选择函数，强化学习	接受全部动作，仅接受能够改进解的质量的动作，延迟接受，模拟退火
考试时间表编排问题[90]	禁忌表	接受全部动作
考试时间表编排问题[132]	强化学习	大洪水算法
考试时间表编排问题[131]	强化学习	仅接受能够改进解的质量以及使解的质量保持不变的动作
家庭医护人员调度问题[118]	随机	仅接受能够改进解的质量以及使解的质量保持不变的动作，循环次数受限制的阈值接受，自适应的循环次数受限制的阈值接受

由于该研究领域正在快速发展中，因此选择摄动类超启发式算法所采用的技术的种类也在不断增加。Burke 等[34]提出了一种蒙特卡罗选择摄动类超启发式算法框架，该框架可与其他的方法结合使用，来实现启发式算法选择和动作接受判断。该框架中使用了 3 种蒙特卡罗动作接受判断方法，即模拟退火算法、含再次加热的模拟退火算法和指数蒙特卡罗方法。在文献[91]中，作者使用了马尔可夫链来实现启发式算法选择。Misir 等将自动机引入超启发式算法中来实现启发式算法选择[121]。

随着元启发式算法和进化算法的发展，人们已经针对多种多样的组合优化问题开发了许多不同的摄动类动作运算符和动作接受判断标准。现有研究已经表明，如果将这些算法与其他方法进行结合起来形成混合算法，那么，当在选择摄动类超启发式算法中对混合算法进行适当地调整后，混合算法也是非常有效的。例如，在车辆路径规划问题中（具体介绍请参阅第 7 章），高层的搜索算法既选用了摄动类启发式算法，也选用了构造类启发式算法，两类算法都被用来构造解并改进解的质量。在护士排班问题中（具体介绍请参阅第 8 章），在改进解质量过程中的每一个决策时间点上，低层次的摄动类启发式算法和动作接受判断标准被搭配成一对方法，因此二者会被同时选用。

表 3.2　多点搜索选择摄动类超启发式算法的相关应用

问题领域	启发式算法选择
地理分布的课程时间表问题	遗传算法[73]
学生项目汇报展示问题[73]	遗传算法[73]
旅行商问题	蚁群算法[45]
护士排班问题	遗传算法[156]
学校时间表编排问题	遗传算法[157]
网格环境下的资源调度	粒子群优化[5]
集合覆盖问题	蚁群算法[60]

第 4 章 生成构造类超启发式算法

4.1 引　言

在求解组合优化问题时，初始解是通过一个低层次的构造类启发式算法来构造生成的，构造一个初始解也是优化算法求解问题时的第一步。这些启发式算法因问题而异，而且往往是单凭经验的方法，即算法需要根据人类的直觉经验来人工设计开发。设计开发构造类启发式算法这一过程非常耗时。生成构造类超启发式算法的目的就是实现算法设计开发这一过程的自动化，而这主要是通过利用一个给定的由问题属性构成的集合来生成低层次的构造类启发式算法来实现的。这一过程的自动化一方面可以减少低层次启发式算法的设计开发所需要的人工工时，另一方面可能想人之所未想，创造性地生成全新的构造类启发式算法。这使得构造类启发式算法既可以针对某一个问题实例而专门定制，也可以适应多种不同问题。因此，所生成的启发式算法可能是一次性的，即针对某一具体的问题实例而专门构造的，也可能是可重复使用的，即算法可以用来求解相似的未曾处理过的问题[30]。定义 4.1 给出了生成构造类超启发式算法的一个严格的定义。

定义 4.1　对于某一问题领域，给定一个问题实例 i 或者一个由问题实例构成的集合 $I=\{I_0,I_1,\cdots,I_m\}$，以及一个由问题属性构成的集合 $A=\{A_0,A_1,\cdots,A_n\}$，一个生成构造类超启发式算法利用集合 A 中的问题属性来生成一个新的低层次构造类启发式算法，并通过该新算法为问题实例 i 或者集合 I 中的问题以及与之相似的问题来计算出一个初始解。

所生成的低层次启发式算法本质上是一个优先级函数，该函数对可能被选择用来构造问题解的事件或者实体进行排序。因此，所生成的低层次启发式算法为一个由问题属性和运算符组成的算术函数或者规则。目前，遗传规划算法及其变体是用来构造这些低层次的启发式算法的主要工具[96]。对于不同的问题实例和问题领域，超启发式算法使用相同的技术来生成启发式算法，唯一的差别在于技术中所使用的问题属性集合 A 是不同的，集合 A 因问题而异， 超启发式算法因此能够具备泛化能力。但是，所生成的低层次启发式算法不一定具备泛化能力，也就是说，低层次启发式算法可能是可重复使用的，也可能是一次性的。

4.2　低层次启发式算法中的问题属性及其表示

生成构造类超启发式算法所生成的低层次启发式算法是由问题属性和运算符组成的。因此，用来创建低层次启发式算法的方法以某种方式将问题属性和运算符结合起来，或者以某种方式对问题属性和运算符进行配置。选用一个合适的由问题属性组成的集合，并且对问题领域的各个方面都进行描述表示，这两点是至关重要的。但是，问题属性过多将导致由启发式算法所构成的空间过大，进而使得算法运行时间过长，或者难以找到一个合适的启发式算法。Branke 等[21]认为，所选用的问题属性应该处于最基本的形式，并且由问题属性组合起来形成的聚合特征应该由超启发式算法来创建。一个问题领域的属性包括：

① 问题特征。在生成的启发式算法中，问题特征被表示为变量，可以为变量赋予一个数值来表示具体问题的特征。例如，对于一维装箱问题，问题特征就包括箱子的容量，箱子的剩余容量，待装箱的物品的尺寸。

② 现有的低层次构造类启发式算法。问题属性还可以包含目前已有的人工开发设计的低层次启发式算法。例如，考试时间表编排问题领域和课程时间表编排问题领域中使用的时间冲突程度最大算法、报名人数最多算法、时间冲突加权程度最大算法，以及饱和程度算法等启发式算法。

③ 现有的低层次构造类启发式算法的组成部分。与启发式算法作为一个整体相对比，现有的低层次构造类启发式算法的基本组成部分可能有更强的表达能力。因此，现有的低层次启发式算法被分解为一些基本组成部分，这些基本组成部分被用作问题属性。

新的低层次启发式算法是通过将问题属性代入到两种表示方法中的某一种来生成的，这两种表示方法包括算术函数和规则。算术函数利用标准的算术运算符，即加法、乘法、减法和除法，把多个问题属性结合起来。表达式中也可以含有常数项。当创建一个解时，算术函数被用来计算选用一个事件或者实体的优先级。例如，在求解考试时间表编排问题时，算术函数被用来计算将各个考试分配到时间表中的难度。各个考试按照该难度值从大到小的顺序进行存储，然后按照该存储顺序将各个考试依次分配给时间表中的时间段，以此来创建一个考试时间表。算术函数中也可以包含关系运算符，例如"≤"，此时如果该运算符左边的值小于或者等于右边的值，那么算术函数返回数值 1，其他情况时算术函数返回-1[32,57]。作为另一种选择，算术函数也可以是问题属性的加权和[21]。在这种情况下，每个问题属性在优先级函数中所占的比重是由所生成的权值决定的。超启发式算法会将启发式算法和权值以组合的形式给出，其中权值通常为整数或者实数常值。

规则由两部分组成，一部分为条件，另一部分为动作。条件部分包括用于概率分支的概率[11]、解的哪些部分已经完成创建，或者属性值的相互比较，例如，某个考试的报名人数小于或者等于另一个考试的报名人数[137]。动作部分是多种多样的，既包括现有的低层次启发式算法或者低层次启发式算法的组成部分，将问题特征组合起来而形成的算术表达式，也包括需要给予更高优先级的实体，例如，对于考试时间表编排问题，应该先为两个考试中的哪一个优先安排时间[137]。在生产调度领域，所生成的启发式算法为派工法则[21]。派工法则给出了每一项生成任务的优先级指数，该指数即是将问题特征与算术运算符进行组合而得到的。

遗传规划算法及其变体算法，例如，基于语法的遗传规划算法[110]和语法进化算法[129]，目前已被生成构造类超启发式算法所采用，来生成低层次的构造类启发式算法。在基于语法的遗传规划算法和语法进化算法中，语法被用来定义算术函数或者规则的结构，以有效表示低层次的启发式算法。这也保证了所生成的算术函数和规则具有正确可行的句法。同时，由于将搜索限制到了具有可行的算术函数和规则的区域，这也减小了搜索空间。

4.3 遗 传 规 划

遗传规划是一种进化算法，该算法对由程序构成的空间进行搜索，而非由解构成的空间[96]。程序可以表示算术函数或者算法，程序执行完成后会输出一个当前问题的解。每个程序被表示为一个表达式树。算法 9 给出了遗传规划算法的一般描述。

算法 9　遗传规划算法

1：创建一个初始种群
2：**repeat**
3:　　对当前的种群进行评估
4:　　选择父代
5:　　在父代上应用遗传算子来创建子代，这些子代构成新的一代
6：**until** 算法终止条件已经满足

遗传规划算法首先创建一个初始的种群，该种群由程序构成，每个表达式树都代表一个新的构造类启发式算法。适应度函数被用来对种群中的每个程序进行评估，即评估每个程序是否擅长求解当前的问题。对于构造类启发式算法的进化，每个表达式树的适应度是由所得到问题的解来决定的，该解是利用程序树得到的。一种选择方法主要依据父代的适应度来选择父代，进而产生连续几代的后代。遗传规划算法中常用的选择方法是锦标赛选择算法[96]。在选定的父代上应用遗传算子来创建子代个体，子代个体就构成下一代群体。这里的遗传算子包括复制算子、变异算子和交叉算子。

种群中的每个程序是通过从一个函数集合和一个终端集合中随机选择元素，直至达到预先设置的最大树深来完成创建的。函数集合中的元素通常是诸如算术运算符和 if-then-else 语句之类的算子，这些元素成了表达式树中的内部节点。终端集合中的元素成了表达式树中的叶子节点，并且作为函数集合中元素的参数。为了使构造类启发式算法实现进化，终端集合中包含有常数和变量来表示问题的属性。对于算术函数这种情况，函数集合由算术运算符组成，而对于创建算术规则这种情况，函数集合被进一步扩展，可以包含 if 语句或者 if-then-else 语句。

在构造类启发式算法的进化过程中，强类型（即程序中的每一个数据都明确地属于某一类型）被用来确保由初始种群和遗传算子所生成的表达式树所表示的启发式算法是有效的。算术函数和终端集合的每个元素都被指定一个明确的数据类型。函数节点的参数也被明确规定一个数据类型。例如，对于一个 if-then-else 语句，它的第一个参数的类型是布尔型，如果这个规则的动作是由算术运算所确定的，那么它的两个子代个体的数据类型是实数型。在一些研究中，布尔类型的运算符的计算结果被作为整数值来处理，此时就不需要明确地

指定数据和变量的类型了，因为函数和终端的计算结果都将是数值。

基于语法的遗传规划算法是遗传规划算法的一个变体算法。在基于语法的遗传规划算法中，一个语法强制规定了表达式树的结构[110]。这确保了由初始种群创建的表达式树和由交叉与变异而生成的表达式树在句法上是正确的。这将搜索限制在搜索空间中含有有效的表达式树的区域，从而减少了待搜索区域的范围。语法进化算法是遗传规划算法的另一个变体算法，该算法的目的在于对进化得到的程序中的冗余节点进行删减[129]。二进制表示的染色体被转换为十进制数值，这些十进制数值反过来被映射到语法的产生式规则上，这些语法都是按照巴科斯范式来定义的。无论是在基于语法的遗传规划算法中，还是在语法进化算法中，语法都明确规定，在低层次的构造类启发式算法的进化过程中，问题属性应该如何与不同的运算符相结合，例如算术运算符、if-then-else 语句。Harris 等所开展的研究表明，超启发式算法中所使用的遗传规划算法的变体算法会对超启发式算法的性能产生影响[75]。

4.4 一次性和可重复使用性的对比

超启发式算法所生成的启发式算法可以是一次性的，也可以是可重复使用的[30,33]。在一次性的启发式算法的情况下，超启发式算法会针对特定的问题实例，通过执行在线学习来不断更新启发式算法[11,175]。此时超启发式算法所生成的启发式算法是为该特定的问题实例专门定制的。在前一小节中我们讨论了能够生成启发式算法的遗传规划算法，正如该节所述，我们需要计算由备选的启发式算法构成的种群的适应度。对于一次性的启发式算法，种群中的程序树的适应度是由程序所给出的问题解对应的目标函数值，或者该目标函数值的一个函数来决定的。例如，在考试时间表编排问题领域，适应度为所创建的时间表中的硬约束和软约束对应代价的一个函数[142]。

一个可重复使用的启发式算法通常是针对一类相似的问题来进行更新进化[82]，并且该算法还可以用来为其他问题实例创建一个初始解。对于一个备选的启发式算法，将其应用到一个由问题实例构成的集合上，即训练集，以此来计算该启发式算法的适应度。这样做面临的一个挑战就是如何选择一个合适的训练集。正如文献[21]所强调的那样，用于训练的案例过少将导致过拟合，从而使得启发式算法在属于同类问题的其他问题实例上表现不佳。但是，训练集中的问题实例过多将会使得算法花费过多的计算时间。在某些问题领域，确定一个合适的训练集相对比较容易。例如，对于作业车间调度问题领域，可以根据任务和机器的数量将标准测试集划分为若干子集，每个子集都是由问题实例组成。某个子集中的问题实例就构成了训练集，而其余的问题实例就构成了测试集。文献[82]所开展的研究表明，对于某些领域，也许不可能生成一个可重复使用的启发式算法，使得该算法在未曾遇到的问题上同样有效，而一次性的启发式算法将会取得更好的结果。

在计算一个备选的启发式算法的适应度的过程中，我们将使用该启发式算法来求解训练集中的所有问题，而适应度函数就是在训练集中每个问题实例上得到的目标函数值的一个函数。该函数的最简单的形式就是对训练集中每个问题实例上得到的目标函数值进行求和[32,82]。作为另外一种选择，对训练集中每个问题实例上得到的目标函数值求取平均值，或者对训练集中每个问题实例上得到的目标函数值与其最优值的偏差进行求和，也可作为适用度函数[21]。为了生成泛化性能更强的启发式算法，可以选择不同类别的问题作为训练集中的问题实例。在 Burke 等所开展的研究中[33]，这种做法在生成针对二维条形装箱问题的通用的启发式算法方面被证明是有效的，所生成的启发式算法在处理所有种类的二维条形装箱问题时均有不错的性能表现。

4.5　小　结

生成构造类超启发式算法的目的在于生成低层次的构造类启发式算法。这些低层次的启发式算法先前都是根据人的直觉和经验由人工来设计开发的，这一过程既费时又费力[21]。因此，实现这一过程的自动化将会大大减轻研究人员和从业者的负担。现有研究已经表明，不同的低层次构造类启发式算法适用于不同种类的问题，并且，对于一些问题领域来说，为每一个问题实例生成一次性的启发式算法的做法更为有效。这就使得人工设计开发低层次的构造类启发式算法变得代价高昂，甚至很有可能变成一个难以完成的任务。

因此，在评价生成构造类超启发式算法的性能表现时，应该使用两个评价标准，一是算法生成这些启发式算法所消耗的时间，二是所生成的启发式算法与现有的人工设计开发的启发式算法相比时的性能表现。生成构造类超启发式算法所消耗的时间应该比人工设计开发这些启发式算法所消耗的时间短[11,33]。期望所生成的低层次启发式算法的性能表现能够匹敌当前性能表现最好的启发式算法是不现实的。与人工设计开发的启发式算法一样，这些启发式算法的目的在于为优化算法提供一个起始点。因此，自动生成的启发式算法的性能表现不应该比人工设计开发的启发式算法差。但是，从该领域目前已开展的研究来看，生成构造类超启发式算法所生成的启发式算法的性能表现超越了现有的启发式算法。

另一个值得重视的方面是所生成的构造类启发式算法的可解释性。是否有必要确保所生成的启发式算法是容易读懂的，从而能够确定启发式算法的每一步的具体功能，或者是否应该把生成构造类超启发式算法作为一个黑箱来直接执行，即完全不考虑算法的实现细节。如果我们需要的是前者，那么语法进化算法是实现启发式算法更新进化的一个更好的选择，因为标准的遗传规划算法容易受到冗余代码（称为内含子）增长的影响。这使得更新进化后的启发式算法的易读性变差。在使用遗传规划时可以对更新进化后的树设置一个树尺寸的上限，当树的尺寸超过这一限制值时就会受到一定惩罚，而该惩罚值为适应度的一部分[32]。

目前，在使用生成构造类超启发式算法为组合优化问题生成低层次的构造类启发式算法方面，已有相当数量的相关研究。表 4.1 中总结了为不同的组合优化问题所开发的遗传规划算法。尽管生成构造类超启发式算法目前主要采用遗传规划算法、基于语法的遗传规划算法和语法进化算法来生成启发式算法，但是也有一些研究已经开始探索采用其他技术来生成启发式算法。在 Sim 和 Hart 所开展的研究中[174]，遗传规划算法的另一个变体算法，即单点遗传规划算法，被用来为一维装箱问题更新进化低层次的构造类启发式算法。在文献[133]中，一种遗传算法被用来为在线的一维装箱问题更新进化低层次的构造类启发式算法。每个启发式算法都是一个策略矩阵，这个矩阵给出了将某个物品装进箱子里对应的权值，此处的权值依赖于箱子中剩余空间的大小。权值最大的物品将会被装进箱子里。

表 4.1　生成构造类超启发式算法

问题领域	遗传规划算法（GP）	基于语法的遗传规划算法（GBGP）	语法进化算法（GE）	其他
考试时间表编排问题	Pillay[137]	—	—	—
课程时间表编排问题	Pillay[141]	—	—	—
学校时间表编排问题	Pillay[138]	—	—	—
一维装箱问题	Burke 等[32] Hyde[82]	—	—	Sim 和 Hart[174] Ozcan 和 Parkes[133]
二维装箱问题	Burke 等[33] Hyde[82]	—	—	—

（续）

问题领域	遗传规划算法（GP）	基于语法的遗传规划算法（GBGP）	语法进化算法（GE）	其他
三维装箱问题	Hyde[82]	—	—	—
车辆路径规划问题	Sim 和 Hart[175]	—	Drake 等[57]	—
多维背包问题	Drake 等[56]	—	—	—
约束满足问题	—	Sosa-Ascencio 等[178]	—	—
生产调度问题	Branke 等[21]	Branke 等[21]	—	—

第 5 章
生成摄动类超启发式算法

5.1 引言

低层次的摄动类启发式算法用来改善组合优化问题的解，而组合优化问题的解要么是随机创建的，要么是使用构造类启发式算法来创建的。低层次的摄动类启发式算法因问题而异，并且，当采用局部搜索算法求解问题时，为某一问题领域所定义的动作算子，例如，为求解旅行商问题所定义的两元素优化(2-op)动作算子，就被直接用作摄动类启发式算法。因此，这些摄动类启发式算法也被称为局部搜索算子。生成摄动类超启发式算法的目的在于为某一个问题领域或者某一个问题实例创建新的低层次摄动类启发式算法。这些低层次的摄动类启发式算法是通过将现有的低层次摄动类启发式算法以及这些算法的组成部分进行组合或者设置来完成创建的。目前，人们主要采用遗传规划算法及其变体算法，例如，语法进化算法，将这些启发式算法及其组成部分组合起来（组合时会使用条件分支构件和迭代构件），从而创建新的启发式算法。定义 5.1 给出了生成摄动类超启发式算法的一个严格的定义。

定义 5.1　对于某一问题领域，给定一个问题实例 i 或者一个由问题实例构成的集合 $I=\{I_0,I_1,\cdots,I_m\}$，以及一个由低层次的摄动类启发式算法或者这些启发式算法的组成部分构成的集合 $C=\{C_0,C_1,\cdots,C_m\}$，一个生成摄动类超启发式算法（GPH）能够利用集合 C 中的启发式算法或者启发式算法的组成部分，并结合条件分支构件和迭代构件，来生成一个新的低层次摄动类启发式算法 lph，并通过该新算法为问题实例 i 或者集合 I 中的问题以及与之相似的问题来生成一个新的摄动类启发式算法。

使用生成摄动类超启发式算法所生成的低层次摄动类启发式算法包括局部搜索算子[10,63]、求解问题的算法[49]以及超启发式算法[88,163]。下面将对这几部分分别进行介绍。

5.2　局部搜索算子的生成

目前，基于语法的遗传规划已被用来实现局部搜索算子的更新进化[10,63]。对于某一问题领域，现有的人工开发设计的局部搜索算子通常被分解成若干组成部分。例如，布尔可满足性问题涉及确定如何为各个变量分配适当的逻辑值（即“真”和“假”），以使得布尔表达式的值为“真”。现有的一个摄动类启发式算法，即 GSAT，会从布尔表达式中选择一个净收益最高的变量，而另一个摄动类启发式算法，即 GWSAT，会从随机选择的一个未满足布尔表达式的子句中随机地选择一个变量。这些启发式算法被分解后的组成部分包括，如净收益、随机选择一个未被满足的布尔表达式子句和返回布尔表达式的值。

语法用来规定如何将启发式算法的这些组成部分利用分支构件进行重新组合，以生成新的且语法正确的启发式算法。以布尔可满足性问题为例，算法所使用的条件分支构件包括，例如，IF-RAND-LT 和 IF-TABU[63]。IF-RAND-LT 以一个浮点数和两个变量作为输入参数。如果随机生成的浮点数小于作为参数的浮点数，那么算法返回第一个变量的值，反之，返回第二个变量的值。IF-TABU 以一个表示年龄的整数和两个变量作为输入参数。如果第一个变量的年龄值小于作为参数的年龄值，那么算法返回第二个变量的值，反之，返回第一个变量的值。

在文献[63]中所开展的研究中，作者引入了一个新的遗传算子，称为“组合”，这个算子将种群中的两个元素，即两个启发式算法，融合成一个复合的启发式算法。

Sabar 等利用语法进化算法和一个自适应存储机制来为组合优化问题创建摄动类启发式算法[164]。每一个启发式算法是动作判断接受标准、邻域结构和邻域结构联合体这三者的一个组合。邻域结构因问题而异，例如，在考试时间表编排问题中将两个考试进行交换。邻域结构联合体将多个邻域结构结合起来，例如，对于由两个邻域结构构成的联合体，算法交替使用这两个邻域结构。自适应存储机制的目的在于保持种群的多样性，这主要是通过维持一个由问题的解构成的种群来实现的。这个种群最初是利用一个构造类启发式算法来创建的，然后，每当找到了改进种群的问题解，就对该种群进行定期更新。作者应用这个生成类的超启发式算法来求解考试时间表编排问题和车辆路径规划问题。在求解这些问题时，超启发式算法的性能表现可以匹敌现有的性能表现最好的算法。

5.3 创建算法和元启发式算法

由生成摄动类超启发式算法更新进化得到的低层次摄动类启发式算法还包括一些算法。目前，遗传规划算法已被用来生成算法，从而求解自动聚类和旅行商问题[49]。每个候选算法都是由标准的算法构件所组成，包括一个条件一分支构件、一个 if-then-else 语句、一个循环构件（即一个 while 循环）和逻辑运算符 AND。这些构件会与问题特有的终端结合起来。以旅行商问题为例，终端会将城市添加到行进路线中，例如，最优邻居启发式算法会将距离上一次添加的城市最近的城市添加到行进路线中，而贴近中心启发式算法会将距离中心点最近的城市添加到行进路线中。

目前，生成摄动类超启发式算法也已经被用来更新进化元启发式算法。线性遗传规划算法已经被用来达成这一目的[88]。候选的元启发式算法由元启发式算法的组成部分和针对该领域的低层次摄动类启发式算法所组成。条件分支构件将会与针对该问题领域的低层次摄动类启发式算法的组成部分进行组合，例如，在旅行商问题中，如果 2-CHANGE 算子能够使得行进路线更短，那么 IF2-CHANGE 构件将会应用 2-CHANGE 算子。元启发式算法的组成部分也包含一个循环构件，即 REPEAT-UNTIL-IMPROVEMENT。语法用来规定所生成的元启发式算法的正确语法格式。现有研究已表明，在求解旅行商问题的一个实例时，更新进化后的元启发式算法的性能表现要优于爬山法和贪婪爬山法。在一个类似的研究中[163]，笛卡儿遗传规划算法被用来更新进化一个基因或者迭代局部搜索算法，以此来求解旅行商问题。每个算法都含有一个 while 循环和针对该问题领域的一系列现有的低层次摄动类启发式算法；每个系列的低层次摄动类启发式算法都是利用笛卡儿遗传规划算法而自动生成的。

5.4 小　　结

本章介绍了生成摄动类超启发式算法，它被用来创建低层次的摄动类启发式算法。低层次的启发式算法的主要形式为新的局部搜索算子、求解特定组合优化问题的新算法，以及新的元启发式算法。与生成的构造类启发式算法一样，新的摄动类启发式算法可以是一次性的[10]，也可以是可重复使用的[49,63]。一次性的启发式算法是为某个特定的问题实例而专门创建的，而可重复使用的启发式算法是利用一个由问题实例构成的训练集来创建的，并且所生成的启发式算法可以用来求解其他问题实例。所生成的摄动类超启发式算法是由现有的低层次摄动类启发式算法或者这些启发式算法的组成部分，并结合了条件分支构件和迭代构件构成的。目前，对生成摄动类超启发式算法的研究并没有像对其他超启发式算法的研究那样全面深入，生成摄动类超启发式算法已获得成功应用的领域包括旅行商问题、布尔可满足性问题和自动聚类问题。表 5.1 对生成摄动类超启发式算法的这些应用领域进行了总结。

表 5.1　生成摄动类超启发式算法

问题领域	局部搜索算子	算法	元启发式算法
布尔可满足性问题	Bader-El-Den 和 Poli[10] Fukunaga[63]	—	—
考试时间表编排问题	Sabar 等[164]	—	—
车辆路径规划问题	Sabar 等[164]	—	—
旅行商问题	—	Contreras-Bolton 和 Parada[49]	Keller 等[88] Ryser-Welsch 等[163]
自动聚类问题	—	Contreras-Bolton 和 Parada[49]	—

第 6 章
理论层面——一个严格的定义

6.1 引　言

随着超启发式算法这一研究领域的持续快速发展，目前已经出现了多种多样的超启发式算法的描述性定义，据此可以对超启发式算法进行分类。在超启发式算法发展的早期，超启发式算法被定义为一种“在更高的抽象层次上决定使用哪些低层次的启发式算法”的搜索技术[51]，或者“将简单的启发式算法组合起来”的搜索技术[162]。近年来，超启发式算法被定义为一种为了选择或者生成启发式算法来求解计算搜索问题的搜索方法或者学习机制[30]。超启发式算法也因此被分为 4 类，即选择摄动类/构造类算法和生成摄动类/构造类算法（详细介绍请参阅第 3 章、第 2 章、第 5 章、第 4 章）。目前也有一些研究工作尝试去扩展超启发式算法的分类方法，以使得选择/构造和离线/在线学习能够在一个类别里实现互操作[180]。有的研究人员也提出，应该去除超启发式算法定义中的“领域壁垒”，以使得缺乏经验的从业者能够轻松地将更多的知识融入超启发式算法中，超启发式算法的表达能力也将更强[179]。

本章根据文献中现有的超启发式算法的概念性定义[35]提出了超启发式算法的一个严格定义。超启发式算法的双层框架考虑了两个搜索空间，一个是由启发式算法构成的搜索空间，另一个是由问题解构成的搜索空间。接下来，本章讨论该双层框架下的一些基本问题。在这两个搜索空间中，除了不同的编码与搜索操作之外，人们还定义了多种多样的目标函数，来对启发式算法的搜索结果和问题解的搜索结果分别进行评价。

在超启发式算法框架下，本章演示了一个选择构造类超启发式算法，用以解释说明这两个搜索空间的相互关系。对由启发式算法构成的搜索空间进行的地形分析揭示了很多有趣的特征，这些特征有助于设计开发更为有效的超启发式算法。根据当前对超启发式算法的理论方面的研究所取得的进展，本章最后提出了几个未来较有潜力的研究方向。

6.2　超启发式算法的一个严格定义

超启发式算法可以被定义为一个求解优化问题 P 的搜索算法，算法的决策变量是启发式算法，而非所考虑的优化问题 P 中的解变量。为了求解问题 P，超启发式算法首先会探索由启发式算法的配置 h 构成的启发式算法空间 H，这是一个较高的层次，然后会从问题 P 的解空间 S 中搜索到一个直接解 s，这是一个较低的层次。因此，在这个双层框架下，可以定义两个搜索空间，一个是对应于优化问题 P 的启发式算法空间 H，另一个是对应于优化问题 P 的解空间 S，每个搜索空间都有一个对应的目标函数[155]。

定义 6.1　在双层框架下，超启发式算法在由启发式算法构成的空间 H 中搜索启发式算法组合 $h \in H$，这是一个较高的层次。超启发式算法的性能表现是使用映射 $F(h) \to R$ 来度量的。在一个较低的层次，超启发式算法使用目标函数 $f(s) \to R$ 对当前所考虑的优化问题 P 的直接解 $s \in S$ 进行评价，S 为当前所考虑的优化问题 P 的解空间。

解 s 是利用一个对应的启发式算法配置 $h \in H$ 来获得的，即 $h \to s$。令 M 表示一个映射 $M: f(s) \to F(h)$。超启发式算法的目标是在集合 H 中搜索最优的启发式算法配置 h^*，h^* 会生成最优解 s^*，从而实现对 $F(h^*)$ 的优化：

$$F(h^* \mid h^* \to s^*, h^* \in H) \leftarrow f(s^*, s^* \in S) = \min\{f(s), s \in S\} \tag{6.1}$$

在超启发式算法的严格定义中用到了下列专业术语，这些术语的定义如下所示[155]。

问题 p：当前所考虑的一个优化问题，该问题的直接解为 $s \in S$，这个解是用目标函数 $f(s)$ 来评价的。

问题 P：超启发式算法所考虑的优化问题，该问题的决策变量为启发式算法的配置 $h \in H$，该决策变量是用目标函数 $F(h)$ 来评价的。

解 s：优化问题 P 的直接解。

启发式算法的配置h：为了求解问题P，对集合L中的低层次启发式算法进行的配置。

解空间S：由优化问题p的解s构成，解s是利用h来得到的，即$h \to s$。

由启发式算法构成的空间H：由针对优化问题P的启发式算法配置h构成，超启发式算法中的高层次启发式算法会对该空间进行搜索。

低层次的启发式算法L：一个由针对特定领域的启发式算法构成的给定集合，高层次启发式算法会对这些启发式算法进行配置来组成h，这是一个较低的层次，也就是说，L是由h中的决策变量可能取的领域值构成的集合。

高层次启发式算法：为了求解优化问题P，用来搜索$h \in H$的搜索算法或者配置方法，该算法是处于L之上的一个高层次的算法。

目标函数f：对于优化问题p的适应度评价函数，即$f(s) \to R$，该评价函数对解$s \in S$进行评价，解s是用$h \in H$来得到的。

目标函数F：对于优化问题P的适应度评价函数，即$F(h) \to R$，该评价函数对启发式算法配置$h \in H$进行评价，启发式算法配置h是用高层次启发式算法得到的。目标是找到最优的h^*，h^*将会得到优化问题p的最优解s^*，即$h^* \to s^*$。

映射函数$M: f(s) \to F(h)$：每一个h都会映射到一个s上，因此，高层次启发式算法搜索h的性能表现是根据其对应的映射s的评估结果来度量的。需要注意的是，尽管在大部分现有的关于超启发式算法的文献中，$F(h)$与$f(s)$是相同的，但是实际上$F(h)$也可能与$f(s)$不同。

在超启发式算法相关的文献中，对于较低的层次，可以通过插入一个专门针对待求解问题的启发式算法的集合L来实现对不同优化问题p的求解。因此，可以将超启发式算法设计的焦点放在设计高层次启发式算法上。求解不同的优化问题p也由此可以转化为求解一个一般的优化问题P。优化问题P一般可以用较低维度的表示方法来进行编码，因而更容易搜索求解[155]。对于优化问题P，由于与具体问题相关的细节和约束的处理都留给了在较低层次上获得的解 s，因此，超启发式算法的泛化性能也提高了。根据上述对在两个不同层次上的两个搜索空间的定义，设计针对具体问题的算法的负担也减轻了，人们可以将精力集中在对启发式算法的配置这一较高层次上。现有研究表明，超启发式算法容易编程实现，并且已经被成功地用来求解多种多样的组合优化问题[30]。

在文献[151]中，作者提出了选择构造类超启发式算法的一个严格定义，该算法基于图着色问题。相较而言，前文所述的严格定义是一个被扩展后的定义，既包含了选择类超启发式算法，又包含了生成类超启发式算法，同时考虑了构造类和摄动类这两种低层次启发式算法L，这与文献[31]中的分类方法是一致的。需要注意的是，待处理的优化问题 P 可能是连续问题，也可能是离散问题。在大部分现有的关于超启发式算法的文献中，只有组合优化问题被研究讨论。前文所述的超启发式算法的严格定义也可以被扩展来定义连续优化问题，该问题代表了未来一个有趣的研究方向。

6.2.1　在严格的超启发式算法框架中的两个搜索空间

在一个较高的层次上，超启发式算法通过在集合 H 中配置和搜索 h 来间接求解优化问题 P，h 然后被用来在解空间 S 中搜索优化问题 P 的直接解 s。因此，有必要对针对优化问题 P 的由启发式算法构成的空间 H 和针对优化问题 P 的解空间 S 进行区分。在当前的文献中，大部分超启发式算法主要是在空间 H 中搜索 h，目的是找到最优的 h^*，h^* 会映射到最优解或者近似最优解 $s^* \in S$，大部分超启发式算法都较少关注低层次的集合 S。但是，需要注意的是，在解空间 S 中，也可以采用标准的元启发式算法来执行搜索，直接搜索优化问题 P 的最优解[151]。根据第 6.2 节中为超启发式算法所定义的一些专业术语，表 6.1 对两个搜索空间的特征进行了对比。

表 6.1　在严格的超启发式算法框架中的两个搜索空间的特点

搜索空间	由启发式算法构成的空间 H	解空间 S
编码	启发式算法的配置 h	直接解 s
操作	在给定的集合 L 上采用高层次的方法来对 h 进行配置	对解 s 应用的动作或者进化算子
目标函数	针对优化问题 P 的以 h 为输入变量的评价函数 $F(h) \leftarrow f(s)$	针对优化问题 P 的以 s 为输入变量的评价函数 $f(s)$

在选择类超启发式算法中，超启发算法中的操作常常利用进化算法或者局部搜索算法根据集合 L 对 h 进行配置。除此之外，其他的配置方法也被加以研究，包括选择函数法和基于案例的推理方法[30]等，具体介绍请参阅第 2 章和第 3 章。在生成类超启发式算法中（具体介绍请参阅第 4 章和第 5 章），遗传规划算法及其变体算法常常被用来生成 h，h 可以作为新的针对具体问题的启发式算法来生成 $s \in S$。由于每个 h 都会映射到一个 s，因此，配置或者搜索 $h \in H$ 的过程就是模拟探求映射结果 $s \in S$ 的一个搜索过程。

在大部分现有的关于超启发式算法的文献中，$F(h) = f(s)$ [30]。但是，对由启发式算法构成的空间 H 和解空间 S，可以分别使用不同的评价函数。例如，在文献[17,52,119]中，对于较高的层次，一个奖励被用来作为 F，从而可以用一个选择函数来对 L 进行评价，并对 h 进行配置，而对于较低的层次，一个不同的针对具体问题的评价函数被用来对映射 s 进行评价。更进一步地深入研究可以对双层框架中不同的映射函数 $M:F(h)\leftarrow f(s)$ 进行分析，以便设计有效的选择类或者生成类超启发式算法，这些启发式算法含有不同的高层次的配置方法和针对具体问题的低层次的启发式算法 L。

超启发式算法通过搜索 $h\in H$ 来间接搜索 $s\in S$，因此，超启发式算法可能不是像标准的元启发式算法那样，利用评价函数 f，从 s 开始，向着（局部）最优解 $s^*\in S$ 进行搜索。由 h^* 映射得到的解空间 S 中的解 s' 可能是，也可能不是由 h 映射得到的解 s^* 的领域解，这取决于超启发式算法中低层次启发式算法的类型。

在大部分采用摄动类低层次启发式算法 L 的超启发式算法中，h 中的各个低层次启发式算法连续对完整的直接解 s 进行操作，因此，s 可被视为是由高层的搜索算法直接进行搜索的，搜索是直接作用在直接解 s 上，搜索方向是依据目标函数 f 的取值，朝着集合 S 中的（近似）最优解 s^* 的方向。

在采用构造类启发式算法 L 的超启发式算法中，解 s 和 s' 分别是由 h 和 h' 来创建的，因此，尽管 h' 是 h 在空间 H 中的邻域解，但是通过 h' 间接得到的解空间 S 中的 s' 可能不是解 s 在空间 S 中的邻域解。这是因为，在使用 h' 构造解的过程中，与使用 h 相比，使用 h' 中一个不同的低层次启发式算法来为部分解中的变量分配任何不同的值，都可能导致一个不同的完整解 s'。因此，h' 所生成的 s' 可能不是集合 S 中 s 的邻域解，其中，h' 是紧随 h 之后被搜索到的。

图6.1描述了超启发式算法中启发式算法配置 $h\in H$ 和解 $s\in S$ 之间的关系。在由启发式算法构成的空间 H 中，h_2 和 h_3 是紧随 h_1 之后被搜索到的，搜索是采用在较高的层次上的一个操作来实现的。在使用构造类低层次启发式算法 L 的一个超启发式算法中，h_2 和 h_3 映射得到的对应的解空间中的解 s_2 和 s_3 可能不是 s_1 的邻域解，此处的邻域解指的是，对于在解空间 S 中通过 h_1 搜索得到的直接解 s_1，使用不同的（或者甚至是相同的）操作得到的下一个解。

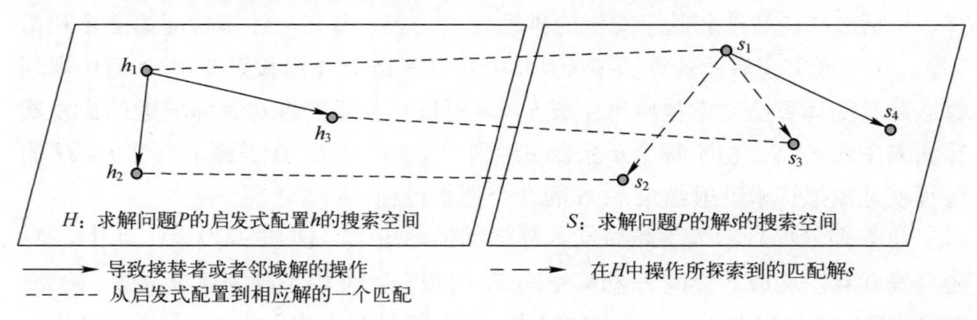

图 6.1　在两个空间 H 和 S 中的搜索

对于表 6.1 中的特征，需要指出的是，空间 H 的大小很可能与空间 S 的大小不同。尤其是，空间 S 是由优化问题 P 的所有可能的直接解来组成的，而空间 H 是由优化问题 P 的启发式算法配置 h 所构成的。但是，一些解 s 可能无法从任何 $h \in H$ 获得，这取决于编码和操作是如何定义的。这一点在图 6.1 中也有所反映，s_4 可能是解 s_1 的邻域解，这可以通过对解 s_1 执行一个具体的操作来实现；但是，s_4 可能没有任何与其相对应的启发式算法配置 $h \in H$，这取决于在较高的层次上 h 是如何被配置的。在 6.3 节所给出的例子中，这个有趣的问题被加以研究，以使得在空间 H 和 S 中针对优化问题 P 的搜索能够到达所有的解 $s \in S$。

6.2.2　在超启发式算法框架中由启发式算法构成的空间的适应度地形

在元启发式算法中，人们对适应度地形的概念进行调整改造，用来对由优化问题的解构成的搜索空间进行分析[115]，并从中揭示出了一些有用的特征，这些特征可以用来设计更为有效的算法。例如，对旅行商问题的适应度地形的分析揭示了一个有趣的特征，称为“大山谷”，这表示优化问题的解与这些解对于最优解 s^* 的适应度是正相关的，也就是说，在空间 S 中距离最优解 s^* 越近的解，其质量越高[128]。这个观察结果可以被用来为旅行商问题，以及适应度地形中具有类似特征的其他问题，设计有效的编码及操作，从而引导搜索向着最优解 s^* 靠近。

借鉴状态空间理论中对适应度地形的定义[115]，超启发式算法框架中针对优化问题 P 的启发式算法空间 H 的适应度地形可以用三个因素来进行定义，包括使用有限多个字母来代表所有可能的启发式算法配置 h 的一种编码方式；用来定义如何从一个 $h \in H$ 移动到下一个的一个操作；能够为每一个 $h \in H$ 分配一个适应度值 R 的适应度函数 $F(H) \to R$。

在一些超启发式算法中，启发式算法的配置 h 被编码为由集合 L 中的低层次启发式算法构成的一维序列，对于这种情况，对由启发式算法构成的空间 H 进行适应度地形分析是可能的，而且是有用的，其中，空间 H 的空间结构可以使用针对 h 的操作和距离度量 D 来定义。对于许多具有 $n(n \geqslant 2)$ 维解的复杂组合优化问题，适应度地形分析就算不是不可能实现的，它也一定会非常难以实现。在文献中，人们主要采用适应度距离关联测试法来分析适应度地形的特点，并对问题求解的难易程度进行度量。给定一个由编码 $h_1, h_2, \cdots, h_n$ 构成的集合及其适应度 F，并给定启发式函数 $h \in H$ 与最近的最优启发式函数 $h_{\text{opt}} \in H$ 的距离，

适应度距离关联的系数 fdc 的定义为[87]

$$\mathrm{fdc}:\sigma(F,D_{\mathrm{opt}})=\frac{\mathrm{Cov}(F,D_{\mathrm{opt}})}{\sigma(F)\delta(D_{\mathrm{opt}})} \tag{6.2}$$

式中：Cov 表示两个随机变量的协方差；σ 表示标准差。在文献中，人们使用能够搜索到优化问题 P 的最优解 s^* 的启发式算法 h 来估计最优的启发式函数 h_{opt}。对于每一个启发式函数 h_i，适应度距离关联系数说明了 h_i 对应的 F 和 D 与 h_{opt} 对应的 F 和 D 之间的关系的密切程度。对于最大化（最小化）问题，σ 取值为 1.0（或-1.0）表明 F 和 D 与 h_{opt} 对应的 F 和 D 之间完全相关[87]，因此，可以作为一个非常好的引导，使得 h 向 h_{opt} 靠近；优化问题 P 也因此是超启发式算法中一个较为容易求解的问题。在适应度地形分析中，对于最大化（最小化）问题，适应度距离关联的系数 $\mathrm{fdc}\leqslant 0.5$（或 $\mathrm{fdc}\geqslant 0.5$）表明超启发式算法中的优化问题 P 较为容易求解。

使用诸如自相关[192]等其他度量方法可以开展更多的适应度地形分析，自相关方法计算的是一系列启发式算法 h 的适应度相关性，这些启发式算法是在一个时间序列 T 期间随机游走过程中所记录下来的。在随机游走过程中的两个相关的启发式算法 h 的时间间隔越长，空间 H 所表现出的地形的高低起伏和崎岖不平处越少，超启发式算法求解问题时就更加容易。这也从另一个角度表明了在由启发式算法构成的空间 H 中的搜索问题 P 的难度。

6.3 例子：针对时间表编排问题的一个选择构造类超启发式算法

根据 6.2 节对超启发式算法的严格定义，本节对文献[32]中的基于图的选择构造类超启发式算法进行了重新定义，以求解教育相关的时间表编排问题。基于对两个搜索空间的分析，本节展示了一个混合超启发式算法[151]，并对该超启发式算法框架中的空间 H 进行了适应度地形分析[127]。关于这项研究工作的更多细节，感兴趣的读者可以参阅原始论文[32，127，151，155]。

6.3.1 一种基于图的选择类超启发式算法框架

在时间表编排问题中，图着色启发式算法（更多细节请参阅 10.2 节）被用作构造类启发式算法，该算法使用一些问题难度的度量策略来对所考虑的活动进行排序。从难度最大的活动开始，被排序后的活动然后会一个接一个地被分配给时间表中的时间空档上，从而创建一个完整的时间表安排方案。假设求解难度最大的活动需要被尽早地编排，以避免在后面的求解阶段中出现问题。例如，如果在一个考试时间表编排问题中使用了饱和度，那么在构造解的过程中，考试活动会按照在部分时间表中剩余的有效时间空档的数量来进行排序，并且求解难度最大的考试活动会被首先编排，以避免在后面的求解阶段中出现无可用的时间空档问题。

一个基于图的选择构造类超启发式算法的定义如下：在高层次的空间 H 中，一个局部搜索算法作为高层次的启发式算法，将会使用集合 $L=\{\text{LD,LWD,SD,LE,CD}\}$ 中的低层次的图着色构造类启发式算法，来搜索得到启发式算法的序列 $h\in H$，其中，图着色构造类启发式算法在 10.2 节中有详细解释说明。这里会使用映射 $F(h)\to R$ 对每个启发式算法的序列 $h=\{h_1,h_2,\cdots,h_n\}$, $h_i\in L$，进行评价。其中，n 表示问题的规模，也就是优化问题 P 中的决策变量的个数。

在基于图的超启发式算法的较低的层次上，一个时间表编排方案是利用一个启发式算法序列 $h\in H$，通过一个循环过程来创建的，同时还要考虑优化问题 P 的约束和目标函数 f（详细介绍请参阅附录 B.4）。在第 i 个循环，$h_i\in h$ 被用来对优化问题 P 中尚未编排时间的活动进行排序，排序使用的是相应的排序策略。在 s 中，在排序中排名第一的活动（即使用 h_i 时求解难度最大的活动）就会被编排时间。在下一次循环中，h 中的 h_{i+1} 被用来对尚未编排时间的活动重新进行排序，并对剩余的求解难度最大的活动来编排时间。这个过程会循环进行，直到构造得到一个完整解 s。任意一个可能得到不可行解的 h 都会被丢弃掉。对于优化问题 P，目标函数 $f(s)\to R$ 会对解 $s\in S$ 进行评价（详细介绍请参阅附录 B.4）。

映射函数被定义为 $M:F(h)=f(s)$，$h\to s$。因此，在超启发式算法框架中的优化问题 P 就是在一个较高的层次上在空间 H 中搜寻最优的启发式算法序列 h^*，h^* 将会构建（近似）最优解 s^*。

6.3.2　在基于图的超启发式算法框架中的两个搜索空间的分析

在上文所定义的基于图的超启发式算法中，在较高的层次上，不同的局部搜索算法被用来搜寻 $h\in H$，同时，在较低的层次上，一个贪婪最速下降法被用来搜寻局部最优解 $s\in S$，s 是利用相应的启发式算法序列 h 来得到的。因此，搜索既在空间 H 中进行，也在空间 S 中进行，搜索的特征由表 6.2 给出。需要注意的是，在较高和较低这两个层次上，可以使用不同的元启发式算法，并且在这两个层次上的目标函数也可以是不同的。

表 6.2 在基于图的超启发式算法框架中的两个搜索空间的特征

搜索空间	由启发式算法构成的空间 H	解空间 S
编码	由启发式算法构成的序列 h	直接的时间表编排方案 s
搜索空间的上界	n^e（其中 e 表示启发式算法序列 h 的长度；n 表示集合 L 的规模，即 $\lvert L\rvert$）	t^e（其中 t 表示时间表中时间空档的数量；e 表示活动的数量）
算子	随机地改变启发式算法序列 h 中的两个启发式算法 h_i	将解 s 中的活动移动到时间表中新的时间空档中
目标函数	由新的启发式算法序列 h 构建的解 s 对应的代价值	新的邻域解 s 对应的代价值

在基于图的超启发式算法中，高层次的搜索搜寻的是启发式算法序列 h，而非优化问题的直接解 s。由于一个完整解 s 是通过一个启发式算法序列，一步一步地构建起来的，因此，空间 H 中相似的或者相邻的启发式算法序列 h 可能构建出差异很大的解 s，这些解可能在空间 S 中分布较为分散。正如在图 6.1 中所阐释的，在空间 H 中，在较高的层次上通过执行局部邻域动作使得 h_1 移动到 h_2，或者 h_1 移动到 h_3，此时基于图的超启发式算法在空间 S 中相应地搜寻到 s_2 或者 s_3，s_2 和 s_3 可能处在空间 S 的完全不同的区域中。相比之下，在较低的层次上针对空间 S 中的 s 的局部搜索算法一般会生成类似的局部解，例如，图 6.1 中的 s_3 移动到 s_4。因此，基于图的超启发式算法可被视为利用空间 H 中的一个局部搜索算法对空间 S 中大得多的领域进行搜索，这与大规模邻域搜索算法的搜索行为相类似。

在文献[151]中，一个快速的最速下降法被融入基于图的超启发式算法的较低层次的算法中，以进一步深入搜索局部最优解 $s \in S$. 这样做主要是出于两方面的考虑：首先，在空间 S 中采用最速下降法可以对 s_3 周围的邻域进行深入搜索，以便快速搜索到局部最优解；其次，基于图的超启发式算法因此可以对包含 s_4 在内的整个搜索空间 S 进行搜索，而任何一个 $h \in H$ 可能都无法搜索到 s_4。

6.3.3 对基于图的超启发式算法的性能评估

在文献[151]中，针对课程和考试时间表编排这两个问题，4 种不同的局部搜索算法，包括最速下降法、禁忌搜索算法、可变邻域搜索算法和迭代局部搜索算法，已被用作高层次的搜索算法来搜寻启发式算法序列 h，搜索过程中所使用的的集合 L 与 6.3.1 节所描述的集合 L 是相同的。

文献[151]中的研究发现，尽管可变领域搜索算法和迭代局部搜索算法的性能表现要稍好一些，但是总体来讲，基于图的超启发式算法中的高层次搜索算法并非起着至关重要的作用。这可能是因为，在较高的层次上，启发式算法序列 h 并不直接涉及对优化问题 P 的解 s 中的决策变量的实际分配，而是间接对构造类启发式算法进行配置，这些启发式算法被用来创建解 s。在较高的层次上的启发式算法序列 h 所给出的解 s 在解空间 S 中常常是跳跃式的，因此，由空间 H 中相邻的启发式算法序列 h 和 h' 分别给出的 s 和 s' 在空间 S 中并非是相邻的。因此，在集合 H 中使用不同的搜索算法并不能直接导致超启发式算法在解空间 S 上的性能表现出现差异。

在较低的层次上，当对于空间 S 中每一个完整解 s 采用最速下降法时，基于图的超启发式算法给出的结果明显会更好，其中，每个完整解 s 都是由启发式算法序列 h 来创建的。尽管处于较高层次的启发式算法空间 H 中的局部最优解 h 不一定会映射到空间 S 中的一个局部最优解 s，但是，作用在 s 上的最速下降法会进一步对空间 S 进行搜索，从而得到优化问题 P 的局部最优解。因此，在基于图的超启发式算法中，空间 H 中的高层次的局部搜索算法的作用可被视作对空间 S 间接进行搜索，而处于较低层次的最速下降搜索就是对空间 S 中的局部区域进行深入搜索。

对于考试时间表编排问题（详细介绍请参阅附录 B.4），表 6.3 描述了时间表编排方案对应的惩罚值，其中，时间表编排方案是利用基于图的超启发式算法，同时采用迭代局部搜索技术所得到的，表 6.3 将该算法与现有的其他算法进行了对比。在文献[151]中，作者采用了完全一样的基于图的超启发式算法来求解考试时间表编排和课程时间表编排这两个问题。唯一的差别是，对于不同的优化问题 P，作用在解 $s \in S$ 上的评价函数 $f(s) \to R$ 不同。需要注意的是，表 6.3 中所列出的一些现有方法并不是超启发式算法，并且这些方法是为求解所考虑的具体问题而专门设计的，因此，可能无法被用来同时求解这两个问题。

在空间 H 中进行“探索”和在空间 S 中进行“利用”这一想法类似于文化基因算法或者遗传局部搜索算法中所采用的想法，其中“探索”和“利用”是使用基于图的超启发式算法中处于两个不同层次的搜索来实现的。在文化基因算法或者遗传局部搜索算法中，应用到种群（种群是由空间 S 中的解构成的）上的遗传算子有利于实现全局“探索”，而作用在种群中的解上的局部搜索算法在局部区域中实现“利用”。 基于图的超启发式算法与这两种算法的差别在于，基于图的超启发式算法在一个较高的层次，通过采用局部搜索的方法对搜索空间 H 进行搜索，来间接实现对空间 S 的搜索。混合式的基于图的超启发式算法要简单很多，但是却能够在两个不同的层次上实现对搜索空间 S 的

“探索”和“利用”。

表 6.3　在考试时间表编排问题的标准测试算例集上，基于图的超启发式算法所求解出的时间表编排方案对应的惩罚值，以及该方法与其他现有方法的对比；关于问题和惩罚函数的更多细节请参阅附录 B.4

	car91	car92	ear83 I	hec92 I	kfu93	lse91	sta83 I	tre92	ute92	uta93 I	yok83 I
基于图的超启发式算法	5.3	4.77	38.39	12.01	15.09	12.72	159.2	8.74	30.32	3.42	40.24
大规模领域搜索算法[2]	5.21	4.36	34.87	10.28	13.46	10.24	159.2	8.7	26	3.63	36.2
模糊算法[6]	5.2	4.52	37.02	11.78	15.81	12.09	160.4	8.67	27.78	3.57	40.66
自适应算法[39]	4.6	4.0	37.05	11.54	13.9	10.82	168.7	8.35	25.83	3.2	36.8
局部搜索算法[25]	4.8	4.2	35.4	10.8	13.7	10.4	159.1	8.3	25.7	3.4	36.7
混合算法[42]	6.6	6.0	29.3	9.2	13.8	9.6	158.2	9.4	24.4	3.5	36.2
启发式算法[43]	7.1	6.2	36.4	10.8	14.0	10.5	161.5	9.6	25.8	3.5	41.7
禁忌搜索算法[67]	6.2	5.2	45.7	12.4	18.0	15.5	160.8	10.0	29.0	4.2	42.0
混合算法[114]	5.1	4.3	35.1	10.6	13.5	10.5	157.3	8.4	25.1	3.5	37.4

超启发式算法的目的是增加算法在求解多个领域问题时的泛化能力，但是大部分现有的超启发式算法要么被应用到某一个问题领域上，要么被针对不同问题的具体的目标函数所评价。因此，目前尚无一个通用的或者一致的度量方法来对超启发式算法的泛化能力进行评价。在最近的研究中，人们针对超启发式算法提出了一种性能评价方法，这种评价方法考虑了 4 种不同层次的泛化能力[147]。在对超启发式算法进一步的研究中，对于解决超启发式算法的最基本方面的问题，这项研究工作是一个令人欣喜的尝试。

6.3.4　基于图的超启发式算法的适应度地形分析

在文献中，一些适应度地形分析是利用诸如 fdc 和自相关等度量方法来开展的，这两种度量方法从不同的角度表明了在空间 H 中进行搜索的难度。本节给出了一个案例，该案例使用 6.2 节中所阐释的 fdc 方法来对基于图的超启发式算法的空间 H 进行分析。关于该例子的更多细节请参阅文献[127]。

在文献[127]中，根据基于图的超启发式算法的一个变体算法，基于图的超启发式算法的空间 H 的适应度地形被加以分析，以获得对空间 H 的全局结构的深入认识。其中，该变体算法使用了 10.2 节定义的两个低层次启发式算法 LWD 和 SD 。正如在文献中那样，所得到的已知的最优 h，即 h_{opt}，在 fdc 分析

（式 6.2）中被用作对最优解的估计。因此，可以使用二进制字符串来表示启发式算法序列 $h \in H$，对应的距离 D 可以采用汉明距离来度量。

在 fdc 分析中，以 h_{opt} 为基准对局部最优的 h 进行度量，以此来揭示空间 H 的地形特征，这些特征是由它们之间的距离和代价的相关性表示。首先，随机生成一个由启发式算法序列 h 构成的集合，每一个 h 与 h_{opt} 之间的距离 j，$j=1,2,\cdots,l$，其中 l 为 h_{opt} 的长度。将一种不确定的最速下降搜索方法在二进制表示的 h 上连续应用 10 次，从而为每个 j 生成 10 个局部最优的 h，该最速下降搜索方法使用了一次翻转这一邻域动作。因此，总计得到 $\text{LO}=10\times l$ 个局部最优的 h，并且，可以采用（式 6.2）来计算每个 h 与 h_{opt} 的相关性。更多细节请参阅文献[127]。

以时间表编排问题的两个实例，即 hec92 I 和 sta83 I，作为实例，我们在图 6.2 上将这些局部最优的启发式算法序列 LO 对应的适应度值绘制出来，并按照它们对应的代价从小到大的顺序进行排序。绘制的曲线图表明，代价值相同的局部最优解大量存在，这一现象在问题实例 sta83 I 上表现得尤为明显，这表明空间 H 中有多处高原地形。

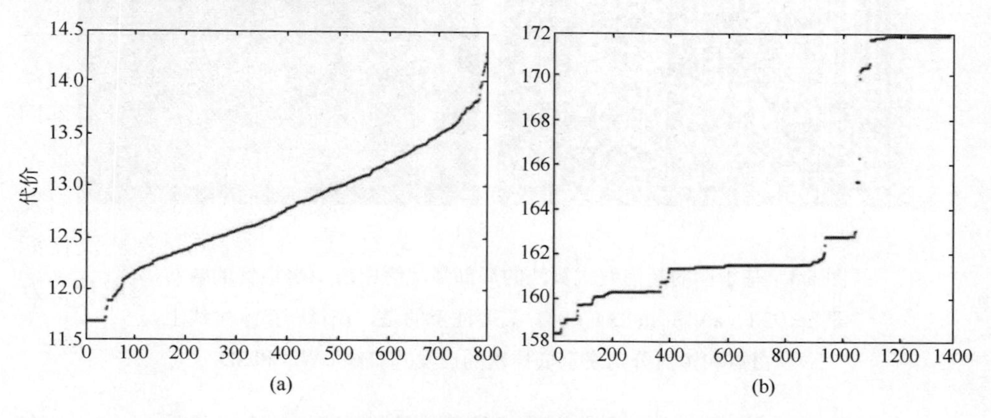

图 6.2　在基于图的超启发式算法中局部最优解 h 对应的代价值

图 6.2 中，坐标横轴为所选择的两个问题实例的局部最优解的计数，即 hec92 I（图 6.2（a）），sta83 I（图 6.2（b）），坐标纵轴为代价值。

图 6.3 展示了这些局部最优解 LO 中前 10%最优的解。可以从图 6.3 中提取出一些有趣的模式特征，尤其是在启发式算法序列 h 的开始阶段。例如，在这些较优的启发式算法序列 h 中，特定位置上的值 h_i 是固定的，比如，在针对问题实例 hec92 I 的启发式算法序列 h 中，前 4 个位置上都是 LWD 算法。在启发式算法序列 h 的末尾部分，我们看到的模式特征是随机的，这一

点并不令人吃惊，这是因为构造解的过程中的最后几步往往对解 s 的质量影响较小。在质量较低的启发式算法序列 h 上，我们没有观察到任何明显的模式特征。

用来表示 $F(h)$，$h \in \mathrm{LO}$，及其与 h_{opt} 之间的距离的散点图表明了二者间存在一个从适度到较高的正相关关系（相关系数取值范围在 0.51～0.64）。这是空间 H 地形的一个非常有用的特征，即“大山谷”，该特征类似于文献[128]中所观察到的旅行商问题的地形特征，该特征意味着在空间 H 中质量越高的局部最优解距离 h_{opt} 越近。这同时也说明在空间 H 中的搜索可能更为容易，因为局部最优的 h 所对应的 $F(h)$ 提供了一个非常有用的指示，该指示说明了 h 与 h_{opt} 距离相近的程度。

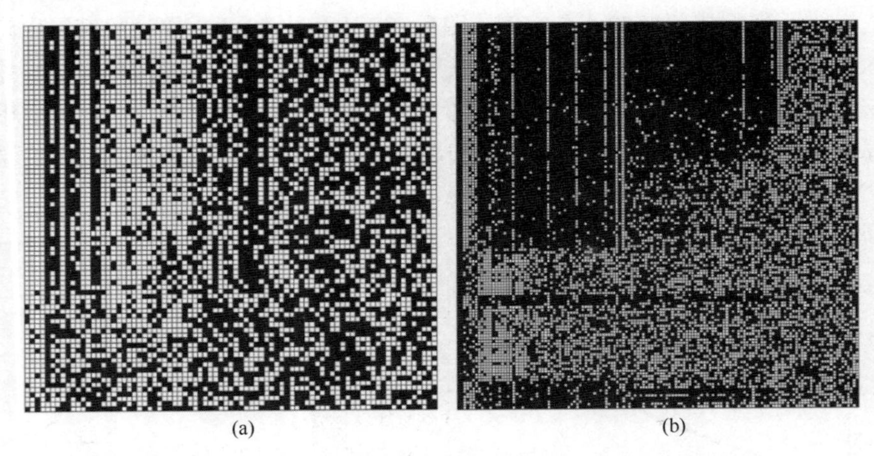

图 6.3　基于图的超启发式算法的局部最优解中前 10%最优的解 h，即 hec92 I（a）和 sta83 I（b）。需要注意的是，在每一条水平线上，白点和黑点分别表示低层次的启发式算法 LWD 和 SD

我们也可以观察到一些其他的模式特征，从而揭示空间 H 的地形中一些有趣的特征。尽管呈现出类似的正相关性，但是问题实例 sta83 I 的散点图出现多个在不同层次上的代价值相同的广阔高原地形。除此之外，代价值低于 38（距离 h^* 大约 1/2 个位置）的那些启发式算法序列 h 都是低质量的，并且没有呈现出任何明显的相关关系，也就是说，它们在空间 H 中的位置是随机的。更多细节请参阅文献[127]。

由于启发式算法序列 h 具有一个简单的一维结构，因此，有可能对空间 H 进行适应度地形分析。对于我们所研究的一些问题，例如，考试时间表编排问题、车辆路径规划问题和护士排班问题等，针对空间 S 中的解 s 开展适应度地形分析是非常难以实现的。

6.4 小　结

在超启发式算法的研究中，随着近年来对理论方面不同问题的研究取得越来越多的进展，目前在文献中已经涌现出越来越多有趣的研究问题，这些问题都需要对不同类型的超启发式算法有一个严格的定义。根据现有的多种概念性定义，本章给出了超启发式算法的一个严格定义[155]。本章将超启发式算法定义为一个优化问题，以便在未来的超启发式算法的研究中，为进一步探索那些新兴的研究方向提供一个统一的基础。

为了演示说明所严格定义的超启发式算法的框架，本章对一个现有的选择构造类超启发式算法进行了重新定义，该超启发式算法使用了高层次的局部搜索算法，同时对教育相关的考试时间表编排问题进行了适应度地形分析。在这个双层的超启发式算法框架中，可以对两个搜索空间，即由启发式算法构成的空间 H 和解空间 S，分别进行搜索，对这两个空间进行搜索时使用的是不同的目标函数。通过使用 fdc 分析可以发现，高层次的搜索空间 H 的地形呈现出“大山谷”这一特征，其中，空间 H 是由 h 的一维序列构成的。对于第 2 章、第 3 章、第 4 章和第 5 章中描述的 4 种类型的超启发式算法[31]，在严格定义的超启发式算法框架下两个搜索空间之间的关系/映射值得进一步深入研究。

根据这个超启发式算法框架，几个未来的研究方向值得进一步探索。

超启发式算法的目的在于增强算法在求解多种问题时的泛化能力。这引出了一个有趣的研究问题，那就是，如何将没有免费的午餐定理应用到这一新型的搜索算法上。关于将没有免费的午餐定理应用到超启发式算法上所需要的一些条件，文献[150]中一些有趣的讨论对此进行了分析。根据该文献中的说法，如果由优化问题 p 对应的适应度函数构成的集合在各种排列下是闭合的[194]，那么为这样的优化问题寻找求解器是毫无意义的。但是，这样的一个问题集合常常代表了整体中的一小部分，因此，当对于一个规模不是太大的问题集合来设计开发超启发式算法时，没有免费的午餐定理可能是不成立的。在超启发式算法框架的严格定义下对没有免费的午餐定理开展更多的深入研究将会是非常有趣的，这有助于进一步探索超启发式算法能够处理问题的范围。

在文献[100]中，对一个选择类超启发式算法开展了运行时间分析，该算法使用了随机化局部搜索算法。分析表明，利用一个合适的分布来对一个由邻域算子构成的集合进行配置是至关重要的，并且，这种配置也是因问题而异的。分析还表明，在选择摄动类超启发式算法中，采用在线强化学习进行算子配置，其性能表现可能比固定分布的算子更为差劲。在所严格定义的超启发式算法的框架下，对选择类和生成类这两类超启发式算法开展进一步的研究，将有助于建立超启发式算法的理论基础，这与对进化算法开展运行时间分析是类似的[100]，其中，这两类超启发式算法中可以包含构造类或者摄动类低层次启发式算法。

当对超启发式算法的性能进行评价时，现有文献中大部分超启发式算法的性能度量指标都是针对具体问题的，即使在考虑多种问题的情况下依然如此。文献[147]中的研究工作在该方面取得了一些进展，论文作者设计开发了一种新的泛化性能评价指标，可以对超启发式算法在处理不同问题时不同层次的泛化能力进行评价。为了实现增强搜索算法的泛化能力的目的，可以将这个新的性能评价指标与所严格定义的超启发式算法框架联系起来，从而为不同的超启发式算法在处理多种多样问题时的性能表现提供评价指标。

文献[180]提出了一个统一的数学模型来描述超启发式算法，在该模型中，通过使用一个高层次的控制器，启发式算法设计活动（既包括构造类，也包括摄动类启发式算法相关的活动）中的各个要素在一个共享的资源仓库中相互竞争来获取资源，以期设计出更好的启发式算法。因此，在线的和离线的算法相关活动并没有差别，并且启发式算法相关的活动之间会相互影响，这种相互影响基于其他的启发式算法所共享的信息。这一统一框架可以与本章所定义的超启发式算法的严格框架进行结合，在这个结合体中，通过高层次的控制器对优化问题 P 的启发式算法空间 H 进行搜索，从而实现对多种问题的求解。

在近期的关于适应度地形分析的研究中，人们发现，对于旅行商问题，在单个“大山谷”中存在着多个“子山谷”[128]。对超启发式算法框架中高层次空间 H 进行类似的分析，可能会帮助人们获得更多对超启发式算法中高层次地形的深刻认识和理解，并且可能启发人们设计出能够处理不同问题的更为有效的超启发式算法，其中，空间 H 中的启发式算法序列 h 被编码为一维字符串或者一维序列。

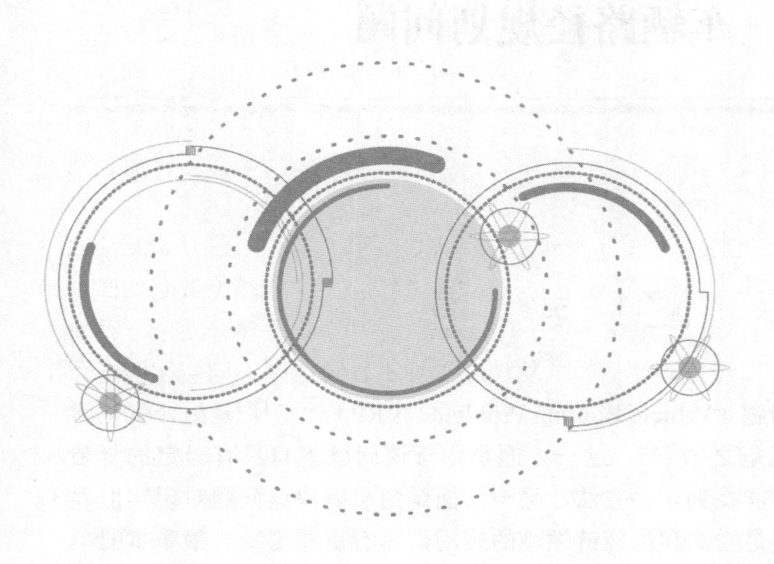

第二篇　超启发式算法的应用

第 7 章
车辆路径规划问题

7.1 引　　言

车辆路径规划问题（Vehicle Routing Problem，VRP）[72,50,186]是组合优化问题中被研究最多的问题之一[134]，这一方面是由于该问题本身具有一定的复杂性，需要深入研究才能找到解决方法，另一方面是由于解决该问题对现实世界中的很多应用，尤其是物流和供应链领域的应用，具有重要影响。最基本的车辆路径规划问题要求人们构建若干个环形的车辆行驶路线，每条路线的起点和终点都在同一个场站，每条路线上都行驶着一辆具有一定容量的车辆，该车辆按照一个已经将任务排好顺序的货运任务清单把客户所需要的货物送达目的地。车辆路径规划问题的目标是使得车辆行驶的总距离达到最小，同时使得货运服务能够满足每条行驶路线上所有用户的货运需求量。在车辆路径规划问题的一些变体问题中，目标还包括使得所需车辆的数量也达到最小。关于车辆路径规划问题的数学模型和基准测试数据集，附录 B.3 中给出了更为详尽的信息。

在运筹学中，组合优化问题（具体介绍请参阅附录 B）是优化问题的一个子类，该类问题的本质就是将若干个离散值分配给问题中的整数型决策变量。作为被研究最多的组合优化问题之一，最基本的车辆路径规划问题是一个 NP 难问题[65,101]。当对现实世界中的车辆路径规划问题的应用进行建模时，例如，运输物流中的路径规划问题，多种多样的约束条件的引入进一步增加了问题的复杂性。因此，车辆路径规划问题的变体形式已经被广泛研究，变体问题将常见的一些问题特征融入最基本的车辆路径规划问题，这些特征多种多样，既包括时间窗约束条件，也包括车辆容量约束条件，还包括货运任务的不确定性等。将元启发式算法与一些简单的技术，以及精确方法结合起来[185]，有望既能够处理车辆路径规划问题本身的复杂性，也能够处理车辆路径规划问题的变体问题中的现实特征，是近年来一个较有前景的研究方向（具体介绍请参阅车辆路径规划问题的综述[97,186]，带时间窗的车辆路径规划问题（VRPTW）[22]，带容量约束的车辆路径规划问题（CVRP）[68]和含动态的客户需求的车辆路径规划问题（DVRP）[159,136]）。

本章对超启发式算法领域中被研究最多的车辆路径规划问题的变体问题（具体介绍请参阅附录 B.3）进行了综述，以获得关于超启发式算法在求解该问题时的性能表现，并进而做出结论。在较低的层次上，多种多样的针对特定领域的启发式算法被自适应地选用（具体介绍请参阅 7.2 节），这些启发式算法要么是选择类超启发式算法中的低层次启发式算法，要么是生成类超启发式算法中的组件。在较高的层次上，人们已经设计开发了选择类超启发式算法和生成类超启发式算法（具体介绍请参阅 7.3 节和 7.4 节）来对这两种类型的低层次启发式算法进行配置。由于超启发式算法具有泛化能力，一些研究人员设计开发了能够适用于多个不同的问题领域的超启发式算法。本书对相关研究进展过程中的代表性工作，尤其是重点研究车辆路径规划问题的工作，进行了回顾综述。本书 11 章会讨论跨越多个领域通用的超启发式方法。

在关于车辆路径规划问题的大量研究文献中，人们已经对众多的车辆路径规划问题的变体问题（例如带时间窗的车辆路径规划问题、带容量约束的车辆路径规划问题和含动态客户需求的车辆路径规划问题等）进行了建模，同时，为了对元启发式算法进行评价，人们还建立了一些基准测试数据集。针对车辆路径规划问题的研究，尽管目前超启发式算法领域不如元启发式算法领域那么广泛和深入，但是那些已经被广泛研究的车辆路径规划问题的基准问题（具体介绍请参阅附录 B.3）中的大部分都已经被超启发式算法领域研究过了。而且，在一些研究中，研究人员还将超启发式算法与元启发式算法做了对比研究。我们在 7.5 节中讨论了一些有趣的观察结果，这些观察结果会启发人们找到针对含有更多现实约束或者问题特征的真实车辆路径规划问题的一些新的研究方向。

7.2 求解车辆路径规划问题的低层次启发式算法

在车辆路径规划问题相关的文献中，在最常用的解编码方法中，客户或者任务通常被表示为图中的节点，而图表示的是车辆路径网络。同样，本章也将使用这种基于图的表示方式。根据对超启发式算法的分类[31]，车辆路径规划问题中所使用的低层次启发式算法可分为 7.2.1 节中所介绍的构造类低层次启发式算法和 7.2.2 节中所介绍的摄动类低层次启发式算法。这些低层次启发式算法在图中的节点上进行操作，节点要么是客户，要么是任务，其中，低层次启发式算法是由超启发式算法中的高层次启发式算法进行配置的。这些低层次启发式算法中的大部分算法通常是针对特定问题的，在超启发式算法中，人们已经对这些低层次启发式算法进行了扩展或将其与其他算法进行混合，以求解含有不同约束和特征的车辆路径规划问题的变体问题。

7.2.1 求解车辆路径规划问题的构造类低层次启发式算法

在车辆路径规划问题的相关文献中，两种类型的构造类低层次启发式算法分别被用来实现选择类和生成类超启发式算法。

（1）在选择类超启发式算法中，诸如 Clarke 和 Wright[48]提出的节约里程算法等经典的构造类启发式方法目前已经被用来在车辆路径规划问题中构建车辆行驶路线。在某些超启发式算法中，人们也将摄动类启发式算法与这些构造类低层次启发式算法结合起来一起使用，以进一步改善生成的解决方案；具体介绍请参阅 7.3 节。

（2）在生成类超启发式算法中，人们使用问题属性（状态属性或问题特征），并且通过函数运算符或语法将这些问题属性结合起来，以生成新的启发式函数（树）或启发式算法模板的序列，关于这部分的详细介绍请参阅 7.4 节。这些问题属性和运算符/语法可以被看成构造类低层次启发式算法中的元素，人们通过使用超启发式算法中的高层次启发式算法来对这些元素进行设置，从而构造出车辆路径规划问题的解。

在选择构造类超启发式算法中，现将最常用的构造类低层次启发式算法总结如下。这些启发式算法及其扩展版本和变体版本在车辆路径规划中被广泛使用。

（1）贪婪算法：将随机选择的客户插入成本最低的车辆行驶路线中，这一过程要满足一定的约束条件。

（2）Clarke 和 Wright 提出的节约里程算法[48]：将两条车辆行驶路线合并为一条车辆行驶路线，这一做法是基于由此生成的行驶路线因距离缩短而会节省出一定的成本。

（3）Mole 和 Jameson 提出的插入算法[123]：将客户插入一条车辆行驶路线中，这个插入动作要能够使得车辆行驶路线的代价达到最小。

（4）Gillett 和 Miller 提出的扫描算法[69]：考虑车辆容量的限制，通过对从位于中心位置的场站发出的一条射线进行旋转，以扇形扫描的方式顺时针或者逆时针扫过客户，从而对客户进行分组；然后通过将每一组节点视为一个旅行商问题来创建一条车辆行驶路线。

（5）排序算法：一类启发式算法，这类算法使用特定的准则对用户进行排序，并将用户添加到车辆行驶路线中，这些准则可以是增加/减少货运需求，以及离场站最远/最近等。

在生成构造类超启发式算法中，每个启发式算法被表示为一个树或者语法，其中终端（即问题属性）是由函数运算符（即内部节点）或语法组合而成的。这些构造类超启发式算法是基于一组车辆路径规划问题的训练实例，要么在线生成，要么离线生成[175,104]。当为车辆路径规划问题构造车辆行驶路径时，这些构造类超启发式算法被用来选择网络中的节点。函数运算符（具体介绍请参阅表 7.1）或语法在不同的问题上往往是通用的；装箱问题请参阅第 9 章。终端（即问题属性）通常是依赖于具体问题的；我们在下面展示了在超启发式算法中广泛使用的用来求解车辆路径规划问题的一些终端。

（1）需求：针对某一客户的货运任务的（预期）（归一化）需求。

（2）容量/负载：离开提货节点或交货节点时的（归一化）货运量。

（3）代价：满足一个客户的需求所需要付出的代价。

（4）距离：与当前节点或场站的距离；当前节点到其余节点的平均距离；到其余节点的距离的标准差；以及车辆行驶路线的总距离等。

（5）时间相关的：对于一个节点，（归一化）时间窗的开始时间 stw 和结束时间 etw；到达时间 at 和离开时间 dt；服务时间 st；在提货节点或者交货节点时的等待时间 wt；以及距离当前节点或场站的时间 t 等。

（6）满意度：已经被服务过的节点所占的比例。

（7）场站代价：从某一节点到达场站所需要付出的代价。

（8）受约束最多的：被货运需求或车辆容量限制最多的货运任务。

（9）角度：与扫描启发式算法相关，当前节点和场站之间的夹角。

（10）密度：路径规划网络图中的节点密度。

表 7.1　在遗传规划中最常用的函数运算符

函数	运算
加法（+）	相加，将两个子节点的值相加
减法（-）	相减，将两个子节点的值相减

（续）

函数	运算
乘法（×）	相乘，将两个子节点的值相乘
保护性除法（/）	相除，将两个子节点的值相除，当分母为零时，使用一种保护性的运算
关系运算符（≤，<，>，≥，=，≠）	相比较，比较两个子节点的数值，并返回 true 或者 false
指数（exp）	指数运算，会返回一个指数值 e^x,其中 x 是子节点的数值
最大（max），最小（min）	返回两个子节点中的最大值或者最小值
角度（angle）	节点的坐标和极坐标系原点（通常是场站）的坐标之间的夹角

7.2.2 求解车辆路径规划问题的摄动类低层次启发式算法

目前，元启发式算法中广泛使用的摄动类运算符在选择类超启发式算法中被用作低层次启发式算法，还有一些研究人员将这些摄动类运算符和构造类低层次启发式算法进行混合，用来求解车辆路径规划问题的很多变体问题。在现有的文献中，不存在将摄动类低层次启发式算法用于生成类超启发式算法的研究。在大多数选择摄动类超启发式算法中，人们目前主要采用下述的摄动类低层次启发式算法的一个子集或扩展形式。这些低层次启发式算法对路径规划方案的搜索动作通常都受限于车辆路径规划问题的一些约束条件。

① 移动算子：将某一个节点移动到不同的车辆行驶路线上。

② 互换算子：将某一条车辆行驶路线中的两个相邻节点进行互换。

③ 交换算子：将两条不同的车辆行驶路线中的两个节点进行交换。

④ or-opt 算子：将连续的节点移动到相同行驶路线的不同位置上。

⑤ λ-opt 算子：交换某一条车辆行驶路线中的 λ 条边。

⑥ Van Breedam[66]：在两条车辆行驶路线之间对字符串进行重新定位、交换和交叉操作。

⑦ 交叉算子: 在两个解之间交换车辆行驶路线或者部分行驶路线。

⑧ 毁坏和重建（移除和重新插入，或者破坏和修复）：利用一些准则（基于时间或者位置的）移除许多节点，再利用启发式算法将移除的节点重新插入到选择的路线中。同时，为那些因为受到约束限制而不能重新插入到原路线的节点开放一条新路线。

7.3 求解车辆路径规划问题的选择类超启发式算法

在现有的选择类超启发式算法中，人们通常从一组给定的摄动类低层次启发式算法中选用一部分，以对初始的完整解进行改进。在某些方法中，人们会在一个超启发式算法框架中同时选用构造类和摄动类低层次启发式算法，以此来创建并且改善车辆路径规划问题的解。

7.3.1 使用摄动类低层次启发式算法的选择类超启发式算法

为了求解车辆路径规划问题，超启发式算法已经采用了多种多样的技术来对摄动类低层次启发式算法进行选用。这些技术涵盖了从局部搜索算法[149,191]，到分类器[8]，再到多臂老虎机机制[166]。采用在线或者离线学习，或者通过解的估计所选择的摄动类低层次启发式算法，会被用于迭代改进车辆路径规划问题各种变体问题的完整解。

虽然没有被命名为超启发式算法，一种自适应大邻域搜索算法在文献[149]中被设计开发出来，该算法在一个统一的软件框架中处于主层次（较高层次）的位置上，以求解统一的带时间窗的取送货问题，该问题涵盖了车辆路径规划问题的五种变体问题。通过利用轮盘赌选择方法，简单的毁坏和修复启发式算法（具体介绍请参阅 7.2.2 节）相互竞争，来对完整解中的大量变量进行改进，这一过程是基于在线学习期间所得到的调整后的分数来实现的。针对车辆路径规划问题的五种不同的变体问题，这一通用的软件框架已经对许多当前的最佳结果实现了改进提升，这也表明，该方法是求解真实世界中含有多种混合约束和特征的大规模车辆路径规划问题的一种极为有效且稳健的方法，并且该方法几乎不需要进行参数调整。

车辆路径规划问题是软件框架 HyFlex[29]所提供的问题库中的组合优化问题中的一种，具体介绍请参阅附录 A.1，软件框架 HyFlex 还提供了不同类型的摄动类低层次启发式算法（变异、破坏和重建、局部搜索和交叉）。在软件框架 HyFlex 中，文献[177]的作者使用一种迭代局部搜索选择类超启发式算法，并结合多臂老虎机方法，对含有时间窗的车辆路径规划问题的变体问题（Solomon 基准测试数据集，Gehring Homberger 基准测试数据集，具体介绍请参阅附录 B.3），以及课程时间表编排问题，进行实验研究。在一个由训练实例构成的集合上，该文献的作者使用统计分析和适应度地形探测技术来识别出由 8 个最有效的低层次启发式算法构成的紧子集。该研究发现，算子的可进化性（具有更好的或者相同适应度的邻域解的数量）可以用作在超启发式算法中区分和选择低层次启发式算法的一种指标。基于 HyFlex，文献[191]的作者采用迭代局部搜索算法作为高层次的搜索算法，从而利用在线学习方法从 12 个摄动类低层次启发式算法中进行选择。在文献[8]中，基于小规模的车辆路径规划问题实例，作者在软件框架 HyFlex 中使用离线学徒学习来训练分类器，以便从 10 个低层次启发式算法中进行选用，从而提升那些训练时未曾见过的实例其解的质量。

文献[166]中，含有时间窗的车辆路径规划问题被分解为子问题进行求解。为求解 Gehring-Homberger 基准测试数据集中的车辆路径规划问题（具体介绍请参阅附录 B.3），一个选择类超启发式算法通过从 7 个摄动类低层次启发式算法中进行选择，来对由列生成算法所产生的子解进行组合并改进。基于在线累积奖励，作者采用了一种多臂老虎机方法，并使用一种蒙特卡罗机制来决定是否接受某个解。

7.3.2 同时含有构造类和摄动类低层次启发式算法的选择类超启发式算法

一些选择类超启发式算法在较高的层次上使用元启发式算法来选择构造类和摄动类低层次启发式算法。高层次启发式算法通常通过探索或者配置的方式来得到由低层次启发式算法的算子构成的序列，这些算子序列被用来构建车辆路径规划问题的直接解，并且对直接解进行迭代改进。

文献[113]中，作者在一个多智能体系统中使用启发式规则来对摄动类低层次启发式算法进行选择，以改善车辆路径规划问题的解的质量，该车辆路径规划问题受到距离的约束。在一个智能体元启发式框架内，一个智能体联盟同时对搜索空间进行探索。除了通过单个智能体进行学习以外，多个智能体之间还利用集体在线学习的方法来交换信息，从而对智能体进行改进。为了在搜索过程中取得平衡，低层次启发式算法的算子被分类为集中化（改进）算子或多样化（生成、变异和交叉）算子。由于这些算子在初始化和优化过程中都会用到，超启发式算法可被视为对构造类和摄动类这两种低层次启发式算法进行配置和混合。

文献[66]中，作者开发了一个进化算法，该算法处于较高的层次上，用于对由构造类-摄动类低层次启发式算法对所构成的序列进行更新，这些序列的长度是不同的，以求解动态车辆路径规划问题的 Kilby 基准测试数据集[94]中的 21

个问题实例。作者使用了三种类型的低层次启发式算法，包括用于对客户进行排序的低层次启发式算法、用于构建问题解的四种构造类低层次启发式算法和用于改进解质量的四种修复启发式算法。研究发现，对于问题的静态部分和动态部分，低层次启发式算法的更新演化有很大的差异。设计出简单有效的低层次启发式算法至关重要，设计算法时要考虑算法适应性、算法平均性能表现和算法速度。在算法更新进化过程中，作者建议使用一个由不同的简单低层次启发式算法构成的多样化集合来提高低层次启发式算法之间的协调，这种协调是基于算法间就有关问题局部状态的信息进行通信来实现的。

文献[122]中，作者开发了一种使用进化算法的选择类超启发式算法，用来对由低层次启发式算法的动作单元（针对某一特定问题的变体和变异）所构成的序列进行更新进化，这些序列与文献[66]中针对带容量约束的车辆路径规划问题的那些序列类似。研究发现，低层次启发式算法的最佳进化序列是由变体和变异的多个动作所组成的，这表明较大的邻域结构在逃脱局部最优解和产生高质量的解方面更为有效。

7.4　求解车辆路径规划问题的生成类超启发式算法

与选择类超启发式算法相比，生成类超启发式算法旨在生成新的启发式函数或者启发式规则，这一生成过程主要基于给定的低层次启发式算法。然后利用新生成的函数或启发式算法来解决新的问题。这种预先定义的由低层次启发式算法所构成的集合通常包括问题属性或问题特征，高层次的启发式算法或者其他方法会利用函数算子或者语法对这些问题属性或特征进行组合和配置。在现有的研究文献中，针对车辆路径规划问题最常用的高层次配置方法是遗传规划算法[84,175,193,104]和语法进化算法[57,164]，这些方法利用如表 7.1 所列的问题属性（具体介绍请参阅 7.2.1 节）和遗传算子，来求解被用于基准测试的车辆路径规划问题的变体问题。

遗传规划超启发式算法：在使用遗传规划算法的双层超启发式算法中，处于较高层次的启发式配置由树来进行表示，其中表示问题属性的终端节点由表示函数运算符的内部节点连接起来。遗传规划算法的作用是，通过在由一小部分问题实例构成的集合上进行训练，来找到最佳的启发式配置。在车辆路径规划问题中，设计一个遗传规划算法包括从表 7.1 中的函数集合中选择一个子集，以及选择问题属性作为终端集合（具体介绍请参阅 7.2.1 节）。文献[84，193，104]

中，遗传规划算法基于所选择的训练问题实例生成新的构造类启发式算法，并通过这些新的构造类启发式算法和标准的子树交叉以及变异操作来实现算法的更新进化。更新进化得到的最新的启发式函数或者启发式规则被用到属于同一问题类型的新问题实例上。表 7.2 对用于求解车辆路径规划问题的遗传规划超启发式算法进行了总结。

表 7.2　用于求解车辆路径规划变体问题的遗传规划超启发式算法

	文献[193]	文献[104]	文献[84]	文献[175]
终端集合	车辆行为的 6 个属性	7 个问题属性	11 个问题属性	20 个属性和 9 个路径选择器
函数运算符集合	+, −, ×, /, exp, max, sin, angle	+, −, ×, /, min, max	+, −, ×, /, max, exp	比较
车辆路径规划问题的变体问题	静态和动态的带容量约束的弧路径规划问题	不确定的带容量约束的弧路径规划问题	动态的车辆路径规划问题（具体介绍请参阅附录 B.3 中的 Saint-Guillain 基准测试数据集）	带时间窗和容量约束的车辆路径规划问题(具体介绍请参阅附录 B.3 中的 Solomon 基准测试数据集）
高层次的 h	作为启发式函数 h 的树，用于计算和分配下一台车辆（即下一个决策变量的值），直到构造出一个完整解			
低层次的 s	利用启发式算法 h 构造的直接解，即一个由路径构成的集合			

文献[193]中，针对五组带容量约束的弧路径规划问题，作者使用新生成的数学函数来构造车辆行驶路线方案。带容量约束的弧路径规划问题是车辆路径规划问题的对应问题，在该问题中，车辆为行驶路线中的弧线而非节点提供服务。在终端集合中，作者使用了六种车辆行为，包括需求、负载、成本、满意度和场站代价等（具体介绍请参阅 7.2.1 节），这六种车辆行为使用 8 个数学运算符（具体介绍请参阅表 7.2，具体解释请参阅表 7.1），在较高的层次上进行配置和操作。在这两个层次上，作者使用了相同的问题目标函数。该研究还使用遗传规划算法中的两个间接表示对高层次搜索问题的特征进行了分析。正如文献[151]所研究发现的，启发式算法配置的维数与问题的规模大小无关，并且比直接解的维数小得多。作者在实验中发现，更新进化所得到的新的数学函数在静态和动态这两种带容量约束的弧路径规划问题上都有不错的性能表现。

文献[104]中，作者以考虑环境变化的带容量约束的不确定性弧路径规划问题作为训练实例，开发了一种遗传规划算法。在构建问题的解的过程中，该算法所生成的由新的启发式算法所构成的树被用来对车辆任务进行排序。针对任务需求和边的可达性这二者的变化，作者根据所得到的解的平均成本和最差成本来加以应对处理。为了设计有效的遗传规划超启发式算法，作者对关于该问题领域的特定知识进行了研究。研究发现，三种函数是有效的，包括选择一组最佳的候选任务、检测弧边连接中断现象和处理由于环境变化而导致的规划路线不再可行的现象。正如表 7.2 所列，作者使用了 6 个函数运算符来对问题属性进行配置，这 6 个函数包括需求、成本、负载、场站代价、满意度和常量等。

文献[84]中，作者使用了一个遗传规划超启发式算法来处理具有新到达任务的动态车辆路径规划问题。作者使用九种不同场景下的训练实例的平均成本来衡量超启发式算法在应对实时的新任务请求这一随机特征时的性能表现。在该文献中，除了到达场站的标准化的行驶时间、从当前位置出发的标准化的行驶时间、标准化的服务时间、标准化的货物运输需求和顶点密度等诸多问题属性外，作者还考虑了另外两种终端，即未来货物运输请求数量的期望和新货物运输请求的概率。这些自动生成的启发式算法能够根据新到达的任务及时地更新路线，并且其性能显著优于三种人工设计的启发式算法。研究发现，使用概率作为终端的那些简单的低层次启发式算法并不能改进所生成的新的启发式算法。

文献[175]中，遗传规划算法被用于生成新的构造类启发式方法，以便为一个用于基准测试的具有时间窗和容量约束的车辆路径规划问题（具体介绍请参阅附录 B.3 中的 Solomon 数据集）和一个新的现实世界中的车辆路径规划问题来构造问题的解。本文作者在终端集合中考虑了大量的问题属性。这些问题属性可分为选择节点（某一节点到其他剩余节点的距离的平均值、节省的距离、先到先得、时间窗口中的裕量、节省的时间和 7.2.1 节中的属性）和选择路线（第一条路线、从时间角度来看使用得最少/最多的路线、具有最多可能的节点的路线、随机路线）两类。然后，在超启发式算法的较高层次上，作者利用迭代局部搜索算法来选择摄动类低层次启发式算法、局部搜索算法和交叉算子，以改进由新的启发式算法所生成的初始解。实验发现，在车辆路径规划问题中，与 7 个标准的构造类启发式算法相比，新生成的启发式算法自身就具有不错的性能表现。

语法进化超启发式算法：在一个使用语法进化的超启发式算法中，高层次的启发式算法配置是由一个长度可变的字符串基因型来表示的，即四元组巴克斯范式<*T*，*N*，*S*，*P*>（具体介绍请参阅表 7.3）。一个产生式规则 *P* 是从 *S* 中的一个符号开始，基于用户自定义的终端 *T* 来编写的，这个产生式规则的表现形式即为巴克斯范式的语法句子，这些终端 *T* 由非终端集合 *N* 中的运算符或方法而连接起来。*P* 可以被递归地解释，直到 *P* 中的所有元素都是 *T* 中的终端，以生成用于求解车辆路径规划问题的可执行程序。这些所生成的程序（解析树）是通过使用语法进化中的遗传算子来实现更新进化的。

由于语法进化算法中间接基因型编码所具有的本质属性，用户可以很容易地来定义巴克斯范式的语法，并且人们可以使用较高层次的配置方法来对所得到的树进行更新进化，以便求解不同的问题。因此，与遗传规划算法所新生成的构造类启发式算法相比，新生成的语法可能在求解其他问题实例时更容易实现重复利用。尽管如此，在现有文献中，相比于生成类超启发式算法中的遗传规划算法，利用语法进化算法来求解车辆路径规划问题的相关研究还比较少，具体情况请参阅表 7.3。

表 7.3　语法进化超启发式算法中用于求解车辆路径规划问题的巴克斯范式语法

巴克斯范式	Sabar 等[164]	Drake、Killis 和 Ozcan[57]
终端集合 T	邻域算子和 11 个符号（接受全部动作与大洪水算法等）	7.2.1 节中的 26 个属性
非终端集合 N	动作判断接受标准、局部搜索算法模板的配置、邻域结构/组合	表 7.1 中的 12 个算术运算符和关系运算符
开始符号 S	<LST>：局部搜索算法模板	<初始化><毁坏><重建>
产生式规则 P	从 S 开始，紧接着是 N 和 T 中的元素所共同组成的规则	由 N 和 T 中的元素所组成的规则/句子
问题	动态车辆路径规划问题（Christofides 和 Golden[72]），考试时间表编排问题（具体介绍请参阅附录 B.4 中 Carter, ITC2007）	带容量约束的车辆路径规划问题，含时间窗的车辆路径规划问题（具体介绍请参阅附录 B.3 中 Augerat, Solomon）

在文献[57]中，针对车辆路径规划问题的两个变体问题，由语法进化算法所生成的启发式算法不仅被用来为一个可变邻域搜索算法构建初始解，而且在可变邻域搜索算法中被用于选择毁坏和插入算子。在算法搜索过程中，语法进化算法被用来自动选择算子，而不是在可变邻域搜索算法中按照预定义的顺序系统地切换算子。在文献[164]中，作者设计了另一种语法进化超启发式算法，该算法使用摄动类低层次启发式算法对邻域算子的模板和 8 个动作判断接受标准进行自动生成和更新进化，以求解动态车辆路径规划问题和考试时间表编排问题。该语法进化算法具有一个对应的用来存储高质量的解的自适应存储器，以增加解的多样性，从而使得算法在这两个问题领域都能取得较高的性能表现。

7.5 小　结

当前关于超启发式算法求解车辆路径规划问题的研究已经涵盖了多种多样有趣的问题。在一个选择类超启发式算法中，无论是摄动类还是构造类的低层次启发式算法，都已被人们进行了混合和选用，它们为现实世界中具有多样化特征的车辆路径规划问题提供了一种通用的求解方法。在选择类超启发式算法中，关于如何确定一个由有效的低层次启发式算法构成的紧凑子集的研究，揭示出一些关于如何建立更高效的超启发式算法框架这一问题的可能办法。研究发现，在选择摄动类超启发式算法中，低层次启发式算法的组合算法（更大的邻域算子）在跳出局部最优解方面更为有效。关于如何处理车辆路径规划问题的不确定性，针对动态车辆路径规划问题的在线学习算法和离线学习算法取得了较多的深入认识，并且提高了超启发式算法的鲁棒性和泛化性能。在这些研究中，超启发式算法被用作一种机制，该机制基于在线学习或者离线学习来探索和配置集成方法。这也表明，超启发式算法和元启发式方法二者未来具有广阔的发展前景。

另一方面，尽管生成构造类超启发式算法已被成功应用于车辆路径规划问题的变体问题，来生成新的启发式算法或函数，但未来还需要人们开展更多的研究，以深入分析如何针对不同的问题实例或者问题的变体问题来生成新的有效的构造类和摄动类启发式算法。

与其他研究较少的问题领域（诸如护士排班问题等）相比，车辆路径规划问题的变体问题在超启发式算法研究中引起了相对更多的关注，这是因为该问题自身存在多种多样的不同约束和问题特征。然而，由于现实世界中的应用场景对车辆路径规划问题的需求很大，超启发式算法在为车辆路径规划问题的变体问题提供通用的求解方法方面仍然还有很大的潜力。

在车辆路径规划问题中，研究发现，由不同的选择类超启发式方法（进化算法、迭代局部搜索算法和分类器等）所配置得到的摄动类低层次启发式算法直接适用于不同的车辆路径规划问题实例或者变体问题。然而，那些自动生成的新的构造类启发式算法在是否可复用于车辆路径规划问题的变体问题仍存在疑问，这些算法是基于问题的状态特征，在训练实例上使用离线学习进行配置得到的。因此，未来需要对如何使得含有不同的构造类低层次启发式算法的同一个生成类超启发式算法框架能够重复使用（可以通过离线学习或者在线学习）这一问题开展更多的分析研究，以便为解决该问题提供更深入的理解。

关于低层次启发式算法的更多发现有助于人们为更多不同的车辆路径规划问题应用场景设计更为通用、更为有效的超启发式算法。本章重点介绍车辆路径规划问题的变体问题中具有几种不同的约束或特征的用于基准测试的车辆路径规划问题。超启发式算法中较高层次的搜索会对低层次的启发式算法进行配置，这些低层次的启发式算法囊括了某一特定问题的细节。本章讨论了针对车辆路径规划问题的一系列低层次启发式算法，这些算法要么是在遗传规划算法或者语法进化算法中使用的问题属性和函数运算符、在局部搜索算法中使用的一般动作算子，要么是在进化算法中使用的遗传算子。研究发现，人们可以对这些低层次的启发式算法中的一些算法加以扩展，以便将某一问题特有的其他一些特征、约束和不确定性囊括进来，并应用于实际的车辆路径规划问题。如果存在一个由简单的基本的低层次启发式算法所构成的算法库，并且库中的算法已经被分类，用以解决车辆/客户的行为和约束的特定方面、搜索的重点（解的强化或者多样性）和动作判断接受标准等问题，同时该算法库便于移植和扩展（通过可扩展标记语言 XML 的形式），那么这个算法库将有助于设计一种更为有效和更为通用的超启发式算法框架来求解真实世界中的车辆路径规划问题。

第 8 章
护士排班问题

8.1 引　　言

人员调度问题源于多种多样的现实世界应用场景，包括超市员工调度、呼叫中心员工分配、警察部队调度，以及被研究最多的医院中的护士排班问题。由于人们对高质量医疗保健的需求、有限的医疗资源以及全球范围内特定法律法规的严格约束，护士排班问题（NRP）在过去五十年中受到了科研人员的广泛关注[26]。

护士排班问题就是将一组具有不同技能的护士分配给调度周期内每一天或者每一个时隙上的不同类型的值班班次，同时满足一组约束条件，这些约束条件包括覆盖需求、法律法规、个人偏好和具体问题的特定要求等。护士排班问题的目标是尽量减少违反软约束的情况（理想情况下应避免违反软约束，例如，护士的偏好），同时满足硬约束（硬约束是必须要满足的条件，例如，在调度期间所有的值班班次需求都必须被覆盖）。

作为一个 NP 完全问题[130]，护士排班问题对运筹学领域和元启发式算法领域的研究人员提出了一定的挑战。在现有文献中，针对护士排班问题的求解算法或者方法包括运筹学中的数学规划算法、人工智能中的进化算法，以及多学科交叉融合的混合方法。基于对元启发式算法的大量研究，目前针对护士排班问题的超启发式算法的相关研究已经给出了一些有趣的结果[30]。

在过去的五十年里，人们针对护士排班问题进行了大量的研究，已经建立了用于测试的基准护士排班问题数据集，这一基准测试数据集较好地涵盖了很多具有不同特征的实际问题。这些护士排班问题的基准测试数据集已经被应用于超启发式算法领域的研究，关于这方面的更多详细信息请参阅附录 B.2。

英国数据集：早期的护士排班问题数据集之一，数据来自英国的一家大型医院，数据集中定义了 411 个预处理过的有效的轮班模式/序列，每个轮班班次都对应一个代价，代价是根据违反约束的多种情况计算出来的。

INRC2010 数据集：第一届国际护士排班竞赛[76]也建立了一组用于基准测试的数据集，旨在弥合理论与实践之间的差距，同时促进一系列新方法的发展。

诺丁汉数据集：目前，诺丁汉大学已经建立了一个关于护士排班问题的网站，该网站将来自世界各地的医院的多种多样的护士排班问题汇集到一起，同时将文献中报道的问题解的下界也一并提供在网站上。

目前，针对护士排班问题的超启发式算法中的绝大多数算法都是选择类超启发式算法（具体介绍请参阅 8.3 节）。在较高的层次上，这些选择类超启发式算法使用一组多样化的技术来对很多低层次启发式算法摄动算子进行配置，这些算子都有对应的动作判断接受标准。这些算法都是为了求解在元启发式算法领域中被广泛使用的几个公认的护士排班基准测试问题。鉴于针对真实世界中的护士排班问题所设计开发的一些元启发式算法已经取得成功，对于这一受到众多严格约束的组合优化问题，在元启发式算法和超启发式算法这两种方法上的更多进展可能会进一步减小研究和实践之间的差距。

8.2 用于求解护士排班问题的低层次启发式算法

由于护士排班问题中存在有硬约束，人们通常会定义一些摄动类低层次启发式算法的算子，这些算子要能够将同一天中的某些特定值班完全覆盖住。根据护士的技能类型，可以在所选定的护士之间对同一天的值班班次进行对换，在对换值班班次时，可以在连续几天内均进行对换，也可以在不连续的几天内进行对换。对于下文所描述的低层次启发式算法及其扩展版本，在文献[119,8,76]中，不同的方法所采用的算法也不同。

改变值班类型：对于一个被（随机）选中的护士，根据该护士的技能类型，改变该护士的值班类型。

对换值班班次：在两名护士之间，相互对换值班班次，这种对换可以在连续几个工作日（周末）内均进行对换，也可以在不连续的几个工作日（周末）内进行对换。这些对换值班班次的护士可以是被随机选中的，也可以是基于这些护士与其他护士的班次冲突的数量进行启发式选择所选中的，这些选择都受到护士的值班班次类型和技能的约束。

移动值班班次：将某一个护士的值班班次安排给另外一个护士，这一移动动作使用了特定的标准（标准可以是随机选择而不考虑代价，也可以根据移动动作所产生的代价为最小这一标准来用启发式算法进行选择）。

破坏和重建算法：对于排班方案中一组被选中的护士，取消这些护士的现有值班安排，并重新为她们安排值班。这些护士可以是被随机选中的，也可以是由启发式算法所选中的。

此处罗列的这些低层次启发式算法并不是专门针对护士排班问题的，而是在求解护士排班问题的超启发式算法中使用最为广泛的低层次启发式算法。这些低层次启发式算法在求解不同的问题时有不同的设置（如参数等），这些算法主要是被用作简单的算子，目的是在它们对不同的超启发式算法的性能表现的影响方面获得一些有益的深入认识。值得注意的是，如果存在另一个动作幅度较大的低层次启发式算法（说明：一个动作幅度较大的低层次启发式算法操作可能等效于同时执行几个动作幅度较小的低层次启发式算法操作），一些动作幅度较小的低层次启发式算法（对问题解进行较小幅度的更改）可能是多余的。但是，研究发现，在求解具有不同的适应度地形的问题实例的不同阶段，这两种类型都有助于增加搜索的灵活性。

除了摄动算子外，学者们也对动作判断接受标准开展了实验研究和对比研究[119]。能够改进解的质量的那些动作通常是可以被接受的，而为了在探测和利用之间取得平衡，算法也会使用多种多样的标准来判断接受一些导致解的质量下降的动作。元启发式算法中使用最为广泛的动作判断接受标准并不只针对特定问题。因此，可以很容易地将这些动作判断接受标准迁移到超启发式算法中来使用。

接受全部动作或简单的判断接受标准：每个低层次启发式算法的所有邻域解都会被接受。

仅接受能够改进解的质量的动作：为了促进“利用”，不接受较差的邻域解。这种动作判断接受标准可以是“首次改善”，即选用所获得的第一个质量更好的邻域解，也可以是“最佳改善”，即从一组邻域解中选用质量最高的那一个邻域解。

接受能够产生相同质量的解或者能够改进解的质量的动作：接受能够产生

相同质量的解或者能够改进解质量的邻域解。

逾期接受：接受比最近已访问的 n 个解质量更好的解。

模拟退火：以一定的概率接受较差的解，这一概率取决于与邻域解的差异大小和温度参数。随着搜索过程的进行，这一概率值会逐渐减小，因此，越是靠近搜索的后期，所接受的解的质量会相对更高一些。

大洪水：虽然质量较差，但是处在阈值 t 以内的解会被接受，并且随着搜索过程的进行，阈值 t 会逐渐减小。可以使用多种多样的策略来逐渐降低这一阈值。

具有限定阈值的自适应迭代接受：这一动作判断接受标准对一组最新的邻域解进行查验，然后在经历多次较差的动作后，选择接受所发现的新的最优解，或者使用最新的一些动作对应的适应度值作为阈值，来接受质量较差的解。

在超启发式算法中，前文所介绍的摄动类算子的一部分，以及相对应的不同的动作判断接受标准，目前已经被作为算子——动作判断接受标准低层次启发式算法对来成对使用，并且在选择类超启发式算法中被自适应地选用[17,119,8]。在其他一些选择类超启发式算法中，在较高的层次使用一个固定的动作判断接受标准，并且算法只考虑选用摄动类算子作为低层次启发式算法。在一些选择摄动类超启发式算法中，这些简单的算子会与动作判断接受标准集成为一个组合的低层次启发式算法，供高层次启发式算法[36,52,12,4]选用。

8.3 求解护士排班问题的选择类超启发式算法

目前，人们已经在选择类超启发式算法中使用了多种多样的高层次启发式算法，这些算法主要在三个基准测试数据集上进行测试，包括具有 411 个值班班次模式的英国数据集、英国诺丁汉市基准测试数据集和 INRC210 竞赛数据集，在附录 B.2 中有这些数据集的详细介绍。这些高层次启发式算法包括选择函数、自适应策略、贝叶斯网络和局部搜索算法，这些高层次启发式算法在对摄动类低层次启发式算法进行选择方面提供了一些有趣的研究结果。表 8.1 对用于护士排班问题的多种选择类超启发式算法进行了总结，具体细节会在本节详细说明。

在超启发式算法的早期研究中，针对来自英国一家主要医院的 52 个护士排班问题实例，人们通过从 8.2 节中所列出的不同摄动类低层次启发式算法进行选择，设计开发了多种多样的超启发式算法。针对这一护士排班问题，人们已经获得了 411 个预先定义的有效的轮班模式，并且由高层次启发式算法所选择的低层次启发式算法正是对这些排班模式进行操作。因此，通过使用低层次启发式算法使得可行的排班模式/值班班次序列，而不是单个值班班次，产生摄动，从而改善解的质量。

表 8.1　求解护士排班问题的选择摄动类超启发式算法

文献	高层次方法	低层次启发式算法	数据集
Cowling 等[52]	选择函数	9 个摄动算子	英国数据集
Burke 等[36]	禁忌搜索	9 个摄动算子	英国数据集
Bai 等[12]	贝叶斯网络	对 411 个轮班模式进行选择的规则	英国数据集
Bai 等[12]	模拟退火	9 个摄动算子	英国数据集
Bilgin 等[17]	随机选择、选择函数、动态策略	12 个对换值班班次和移动值班班次的算子，具有 4 个动作判断接受标准	INRC2010 竞赛数据集
Misir 等[119]	两种自适应策略	29 个对换值班班次和移动值班班次的算子，具有 7 个动作判断接受标准	INRC2010 竞赛数据集
Shahriar 等[173]	基于张量分析的迭代局部搜索	4 种类型的摄动算子	英国诺丁汉市数据集

在文献[52]中，一个选择函数通过使用 8.2 节中所定义的“首次改善”这一动作判断接受标准，来学习如何从 9 个摄动类低层次启发式算法中进行选择，以便对护士排班问题的英国基准测试数据集中 411 个轮班模式进行操作。因此，处于较高层次的评估方法会根据每个低层次启发式算法的在线性能，即所得到的排班方案对应的代价成本，对每个低层次启发式算法进行奖励。文献[36]中也使用了相同的一组低层次启发式算法，针对相同的护士排班问题英国基准测试数据集和课程时间表编排问题基准测试数据集，一个处于较高层次的禁忌搜索算法在一个统一的超启发式算法框架内对低层次启发式算法进行选择。文献[12]中，作者将模拟退火超启发式算法与遗传算法相混合，以更有效地利用局部最优解。根据这 9 个低层次启发式算法在接受率方面的性能表现，所设计的混合算法选择了 411 个轮班模式。实验结果表明，与文献中现有的那些方法

相比，所设计的混合算法具有较高的效率。

文献[4]中，作者研究了一种有趣的方法，该方法利用一个贝叶斯网络作为较高层次的方法来选择一系列规则。每个规则都是从由 411 个轮班模式构成的集合中进行选择，来创建排班方案。基于一组用于算法训练的问题实例，一个概率分布的估计算法被用来学习那些有助于构建高质量排班方案的规则所对应的概率。因此，处于较高层次的评估方法是衡量这些规则产生高质量排班方案的可能性的指标。这种新方法可以被视为一种选择构造类超启发式算法，它使用一个统计模型来对低层次启发式算法的规则进行选择，以将值班模式组合起来从而构建高质量的排班方案。

对于护士排班问题的诺丁汉市基准测试数据集（该数据集包含有世界各地的医院中大量多种多样的护士排班问题），文献[173]中使用了一种基于张量的机器学习技术来从低层次启发式算法的性能表现中提取一些模式。然后，根据机器学习模型所学习的知识，作者在 HyFlex 软件框架中[29]（具体介绍请参阅附录 A.1）使用了一种迭代多阶段算法来自动选择四种类型的低层次启发式算法算子（即变异、交叉、局部搜索、毁坏和重建），该选择过程使用了接受能够产生相同质量的解或者能够改进解质量的动作，以及接受全部动作这两种动作判断接受标准。

INRC2010 竞赛成功吸引了一系列新的超启发式算法研究方法。在这一竞赛中，大量的摄动类低层次启发式算法被加以系统地研究。在文献[17]中，三种处于较高层次的选择方法，即随机选择、选择函数和动态的启发式算法集合策略，被用于对 8.2 节中所描述的对换值班班次和移动值班班次这两个算子的总计 12 个变体进行选择。对于两名被随机选中的护士，这些低层次启发式算法被按照天数、工作日和周末，以及（非）连续的天数分为三组。作者将求解得到的结果与从整数线性规划方法所获得的解进行了比较，比较时作者为这些算法设置相似的计算时间。

文献[119]报道了另一项细致深入的研究工作，在该研究中，作者使用了一个监视器模块来对两种处于较高层次的选择方法，即爬山法和锦标赛选择方法，进行管理，并利用七个动作判断接受标准，选择出 9 个启发式算法集合。作者对超启发式算法的总计 36 个变体算法开展了研究，对这些变体算法在 INRC2010 竞赛数据集中的 10 个问题实例以及另外两个医疗卫生问题上所表现出的解的多样化和解的强化这两方面的性能进行评价，这些变体算法中的高层次搜索算法和低层次启发式算法都具有不同的设置。在较高的层次上，这一监视机制管理着处于较低层次的四种类型的动作判断接受标准和总计 29 个低层次启发式算法算子，这些算子具有不同的大小（解发生改变的数量）和速度（应用时的执行速度）。基于低层次启发式算法被调用的频率和被每个低层次启发式算法搜索到的新的最好的解的数量，作者分析了启发式算法选择方法和动作判断接受标准的影响。

文献[119，76]中的深入分析揭示了关于使用选择摄动类超启发式算法求解护士排班问题的一些有趣的研究结果。许多不同的摄动类算子和动作判断接受标准被自动地选择并被组合起来，形成了适用于不同问题的通用算法。超启发式算法可以被视为充当了一个通用框架，在该框架中，处于两个层次（高层次和低层次）的不同元素可以按需进行配置。研究发现，将具有不同特征、能融合在一起的低层次启发式算法结合在一起至关重要。这样一个简单的框架还可以提供一个灵活的分析工具，来支持在元启发式算法中进行有效的算法设计。

8.4 小 结

基于现有的对护士排班问题的大量研究（这些研究中使用了多种多样的技术和算法），人们已经在选择摄动类超启发式算法方面获得了一些有趣的研究成果。对具有不同的行为、解的变化的次数（大小）和执行速度的简单的低层次启发式算法所进行的分析，使人们对它们在不同的问题实例上的性能表现有了更深入的了解[76]。随着针对特定问题的低层次启发式算法的不同研究方法、护士排班问题的分类，以及多种多样的基准测试问题集合等方面的不断发展，超启发式算法可以被进一步扩展，以解决元启发式算法研究人员在求解这些受到较多严格约束的组合优化问题时所面临的一些更为广泛的研究问题。

针对选择摄动类超启发式算法，人们目前已开展研究来探究诸如摄动/动作算子和相对应的动作判断接受标准等低层次启发式算法组成部分对护士排班问题基准测试实例的影响[76,119]。对处于较低层次的不同算子和动作判断接受标准之间的协同效应所开展的一些分析工作，已经为人们对问题的解进行有效的搜索提供了一些深入的认识。从这个意义上说，超启发式算法可以被视为一种分析工具和框架，为对局部搜索算法中不同组成部分的深入分析提供支持。摄动类低层次启发式算法形成的组合算法，以及不同的动作判断接受标准这二者相关的研究成果，可以被抽取出来用以支持人们设计更为高效的局部搜索算法。

作为受到众多严格约束的组合优化问题，源自不同国家的多种多样的护士排班问题已被人们广泛研究，这些问题具有多种多样的约束和独有的一些特征。针对车辆路径规划问题和考试时间表编排问题的现有研究工作中已经涉及了多种多样的高层次算法（具体介绍请参阅第 7 章和第 10 章），与这些丰富多样的研究相比，目前针对护士排班问题的超启发式算法的相关研究主要集中在选择摄动类方法上。对求解护士排班问题的构造类超启发式方法的研究目前还较为匮乏。构造类超启发式算法的进一步发展可能需要在对复杂的护士排班问题进行有效建模这一方面有深入的研究，并且需要与摄动类方法相结合。例如，对于护士排班问题的英国基准测试数据集（具体介绍请参阅附录 B.2.2），在考虑多种多样的约束条件的基础之上，人们预定义了一组有效的轮班模式。因此，选择类超启发式算法就可以被有效地利用起来。对于受到众多严格约束的护士排班问题，与设计开发选择类超启发式算法相比，设计开发用于生成新的有效的启发式算法的生成类超启发式算法所面临的挑战更大。因此，简单的启发式算法和算子相对更容易应用于不同的实例和问题。

针对护士排班问题，目前已存在大量的研究文献，在此基础上，可以通过对低层次启发式算法进行扩展来使得超启发式算法得到进一步发展，这些低层次启发式算法对不同的护士排班问题中的不同约束分别进行处理。一些研究人员已经尝试对低层次启发式算法进行分类。目前，护士排班问题的分类结果也已经见诸文献[44]，分类时所使用的符号与调度相关文献中所使用的符号类似。鉴于护士排班问题具有受到严格约束这一特点，仅适用于特定问题的简单的低层次启发式算法是可以根据这些算法所解决的具体约束和所解决的约束的数量来进行分类的。针对不同类别的构造类和摄动类低层次启发式算法之间的协同效应开展系统地研究，将会使超启发式算法和元启发式算法这两个领域的研究人员都从中受益。

人们对设计开发元启发式算法来求解护士排班问题已经开展了大量研究，这同时也促使人们建立了几个多样的基准测试数据集，这些研究成果也进一步促进了人们对超启发式算法的研究。对源自英国一家大型医院的数据集所进行的预处理过程已经证明了约束处理的有效性，这里的预处理主要是指将问题复杂性封装到一组预先定义的有效的轮班模式中。文献[83，188，23]所报道的一些类似的研究也已经取得了不错的结果，这些研究中使用了一些高质量的预先定义的有效轮班序列（也称为工作时段或工作时间）。这里所说的高质量指的是较少或者没有违反约束条件。护士排班问题的另外两个基准测试数据集（目前由英国诺丁汉大学的护士排班问题基准数据集网站对这些数据集进行维护，详细介绍请访问该网址 http://www.schedulingbenchmarks.org/)，以及第一届护士排班问题竞赛 INRC2010 所使用的三个数据集，均提供了问题实例的下界和一种描述问题的统一格式。这些研究工作是非常有价值的，并且获得大力支持，以促进超启发式算法和元启发式算法这两个领域未来的发展。

第9章 装箱问题

9.1 引　　言

以最小的成本将若干物品装入容器或箱子中是人们在工业生产中经常遇到的一个问题。本章研究了如何使用超启发式算法来求解附录 B.1 中所介绍的装箱问题。目前，选择构造类超启发式算法和生成构造类超启发式算法已经被成功地用来求解装箱问题。9.2 节介绍了如何使用选择构造类超启发式算法来求解装箱问题，9.3 节介绍了如何使用生成构造类超启发式算法来求解装箱问题。最后，本章对使用超启发式算法求解装箱问题进行了总结讨论，并介绍了该领域未来的研究方向。

9.2　选择构造类超启发式算法

在为装箱问题创建初始解方面，选择构造类超启发式算法一直以来都是有效的。和低层次构造类启发式算法一样，选择构造类超启发式算法的目标就是产生一个高质量的初始解。本节对使用选择构造类超启发式算法求解一维装箱问题的研究现状进行了概述。在为优化问题构造一个解的过程中，每一阶段选择构造类超启发式算法都会选用构造类启发式算法。在装箱问题这一应用背景中，涉及选择一个合适的启发式算法，再利用该算法选择一个箱子，以便把下一个物品放入该箱子中[105,140,161,162]。这些启发式算法中的一部分算法，根据其自身的定义，也会对要放入箱子中的物品进行选择，例如，首次适配递减算法。

然而，超启发式算法在构建一个装箱问题的解的时候，可以选择一个启发式算法对物品和箱子同时进行选择[140]。

在使用一个选择构造类超启发式算法时，人们必须对以下事项做出决定：

① 用来构造解 s 的低层次构造类启发式算法。

② 用来选择启发式算法配置的高层次方法，在该方法中，在为问题 P 构造一个解 s 的过程中的每一阶段都会用到一个低层次构造类启发式算法。

下一节将介绍在求解装箱问题的选择构造类超启发式算法中所使用的一些低层次构造类启发式算法。9.2.2 节介绍了选择构造类超启发式算法在求解装箱问题时所采用的一些方法。

◢ 9.2.1　求解装箱问题的低层次构造类启发式算法

基本上，求解装箱问题的低层次构造类启发式算法主要有两种类型，一种是用来选择箱子（下一个物品将放入该箱子中）的启发式算法，第二种是选择下一个物品（该物品将要被放入箱子中）的启发式算法。有一些启发式算法将这两种方法进行了结合。例如，首次适配递减启发式算法会选择最大的物品，然后将该物品放入第一个能够容纳该物品的箱子中。人们在用于求解装箱问题的选择构造类超启发式算法中[105,140,161,162]所使用的用于箱子选择的低层次构造类启发式算法包括：

① 首次适配启发式算法：这种启发式方法将某个物品放入第一个能够容纳该物品的箱子中。

② 最适配启发式算法：将某个物品放入到一个箱子中，该箱子要满足这样一个条件，即当将该物品装入该箱子中后，箱子剩余的闲置空间是最小的。

③ 下一个适配启发式算法：若当前的箱子无法容纳某个物品，则将该物品放入一个新的箱子中。

④ 最差适配启发式算法：将某个物品放入到一个箱子中，该箱子要满足这样一个条件，即当将该物品装入该箱子中后，箱子剩余的闲置空间是最大的。

⑤ 首次适配递减启发式算法：该算法与首次适配启发式算法相同，但是所有的物品会被按照大小进行降序排列，并且按照该顺序依次分配箱子。

⑥ 最适配递减启发式算法：该算法与最适配启发式算法相同，但是所有的物品会被按照大小进行降序排列，并且按照该顺序依次分配箱子。

⑦ 下一个适配递减启发式算法：该算法与下一个适配启发式算法相同，但是所有的物品会被按照大小进行降序排列，并且按照该顺序依次分配箱子。

⑧ 填充启发式算法：这种启发式算法会把将要放入箱子中的物品，根据这些物品的大小，进行降序排列，并且会尝试将尽可能多的物品放入现有的箱子中。如果当前的箱子容纳不下任何物品，则将尽可能多的物品放入一个新的箱子中。

Djang 和 Finch 启发式算法：该算法将物品装入箱子里，直到箱子的三分之一被填满，装填箱子时首先选择那些最大的物品。为了将箱子完全装满，该算法尝试将不多于三种的物品进行组合后再装入箱子。如果这种做法没有将箱子装满，则算法会尝试不同的组合，以将箱子填充到其容量的 1%以内，然后填充到其容量的 2%以内，依此类推。这种启发式算法的变体算法也已被人们加以研究利用，例如具有更多元组的 Djang 和 Finch 启发式算法，该算法的原理和 Djang 和 Finch 启发式算法相同，不同的是，当算法尝试填满一个箱子时，该算法考虑将不多于五种的物品进行组合后再装入箱子，而非 Djang 和 Finch 启发式算法所考虑的三种。

首次适配递减启发式算法、最适配递减启发式算法、下一个适配递减启发式算法三者既需要对下一个待装入箱子的物品做出决策，也需要对物品将要被放入的箱子做出决策。下述的物品选择启发式算法则是为选择下一个待装入箱子的物品而专门定义的。

① 最大的物品启发式算法：该算法会选择将最大的物品装入一个箱子里。

② 可用性程度启发式算法：该算法会选择当前的箱子能够容纳的第一个物品。

③ 饱和度启发式算法：该算法会选择一个物品作为下一个待装入箱子的物品，该物品要满足的条件是，可用的箱子中能够容纳下该物品的箱子的数量是最少的。

在为装箱问题构造一个解的过程中，每一阶段选择构造类超启发式算法都会选用一个启发式算法，再用该算法来选择一个箱子，或者选用两个启发式算法，其中一个用来选择一件物品，另一个用来选择一个箱子。下一节对用于求解装箱问题的选择构造类超启发式算法目前所使用的一些技术进行讨论。

9.2.2 超启发式算法所采用的方法

本节对用于求解装箱问题的选择构造类超启发式算法进行概述。该领域的研究基本上都采用了这两种方法中的某一种，即生成“条件-动作”规则[105,161,162]或者启发式算法组合[140]。

在 Ross 等[161,162]所开展的研究中，算法会生成“条件-动作”规则，以对构造类启发式算法进行选择，再通过所选用的算法来选择一个箱子，该箱子即为下一个物品将要被放入的箱子。这些规则的条件组件从以下几个方面来定义问题的状态：

① 仍然需要被装进箱子中的超大物品的数量。超大物品是指那些尺寸超过箱子容量一半的物品。

② 仍然需要被装进箱子中的大型物品的数量。大型物品是指那些尺寸在箱子容量的 1/3～1/2 范围内的物品。

③ 仍然需要被装进箱子中的中型物品的数量。中型物品是指那些尺寸在箱子容量的 1/4～1/3 范围内的物品。

④ 仍然需要被装进箱子中的小型物品的数量。小型物品是指那些尺寸小于箱子容量的 1/4 的物品。

⑤ 仍然需要被装进箱子中的物品所占的比例。

这些规则的动作组件就是启发式算法，启发式算法被用来在指定的问题状态下对箱子进行选择。每条规则由 6 个数字组成。前五个数字是取值在 0～1 范围内的实数，表示的是问题状态。最后一个数字取整数值，对应于构造类低层次启发式算法中的一个算法。Ross 等在研究中使用了学习分类器系统[162]和遗传算法[161]。问题实例被分组为一个训练集和一个测试集。学习分类器系统和遗传算法使用训练集来得到条件动作规则，性能表现最好的规则被用到了测试集上。在这两项研究中，相比于单独使用每一种低层次启发式算法来求解一维装箱问题，使用选择构造类超启发式算法时效果要好得多。

Lopez-Camacho 等[105]采用了类似的方法，使用遗传算法对“条件-动作”规则进行更新进化，以对用于选择箱子的低层次构造类启发式算法进行选择。与 Ross 等[161,162]所开展的研究一样，在该研究中，规则中的条件组件表示问题的状态，动作组件表示所使用的启发式算法。问题状态的定义方式与文献[161]和文献[162]中的相同。选择构造类超启发式算法被用来求解一维装箱问题、二维规则物品装箱问题和二维不规则物品装箱问题。对于这三个问题中的每一个问题，问题实例都被分组为一个训练集和一个测试集。由遗传算法更新进化得到的最佳的“条件-动作”规则被应用于问题实例的测试集上。对于这三个问题，相比于单独使用一种构造类启发式算法，使用超启发式算法时效果更好。

在文献[140]中，选择构造类超启发式算法使用一个进化算法来探索由构造类启发式算法的排列组合所构成的空间。算法通过依次使用一个排列组合中的启发式算法来确定何时将一个物品装入箱子中，每个物品对应使用一个启发式算法。作者对两种超启发式算法进行了测试。第一种超启发式算法对由启发式算法构成的排列组合进行更新进化，以确定将物品放入哪个箱子中。在第二种超启发式算法中，每个染色体包括两个由启发式算法构成的排列组合。第一个由启发式算法构成的排列组合用来对将要被放入物品的箱子进行选择，第二个由启发式算法构成的排列组合用于对将要被装入箱子中的物品进行选择。在这种情况下，超启发式算法同时对用于箱子选择的启发式算法排列组合和用于物品选择的启发式算法排列组合进行更新进化。相比于单独使用低层次构造类启发式算法来求解一维装箱问题，使用上述这两种超启发式算法时效果要更好。这两种超启发式算法都比单独求解一维装箱问题的低层次构造启发式算法产生的结果好。与仅生成用于箱子选择的启发式算法排列组合的超启发式算法相比，能够同时对用于箱子选择的启发式算法排列组合和用于物品选择的启发式算法排列组合进行更新进化的超启发式算法性能表现更好一些。这些由启发式算法构成的排列组合是在线更新进化的，用以求解一个特定的问题实例。

9.3 生成构造类超启发式算法

研究发现，生成构造类超启发式算法能够有效求解装箱问题。要实现一个生成构造类超启发式算法，研究人员需要对以下事项做出决定：

① 新的启发式算法将要包含的算子。

② 新的启发式算法将要包含的问题特征，现有的启发式算法和/或现有启发式算法的组成部分。

③ 用于将算子、问题特征、现有的启发式算法和/或现有启发式算法的组成部分结合到一起形成新的构造类启发式算法的方法。

对于装箱问题这一研究领域，所使用的算子基本上是算术运算符和条件分支运算符[82,174]。这些运算符包括：

④ 加法（+）：执行标准的加法运算，该运算将两个值相加。

⑤ 减法（-）：执行标准的减法运算，该运算将两个值相减。

⑥ 乘法（×）：执行标准的乘法运算，该运算将两个值相乘。

⑦ 受保护的除法（%）：执行标准的受保护的除法运算，即如果传递给运算符的分母不为零，则该运算将两个值相除。如果分母为零，则该运算的计算结果为一个整数值，例如 1[82]或者-1[174]。由于诸如遗传规划[96]等用于将运算符和问题特征结合起来的方法本质上通常具有随机性，因此，分母可能取值为零。正因为如此，算法才使用了受保护的运算符。

⑧ 关系运算符（≤，<，>）：执行两个值之间的关系运算。例如，≤执行的是小于或者等于运算。如果第一个参数小于或者等于第二个参数，则该运算返回一个值 1，否则返回一个值-1。类似地，如果第一个参数小于或者大于第二个参数，则<和>二者均返回一个值 1，否则返回-1。

⑨ 条件分支运算符：这些运算符执行的功能与编程语言中的 if-then-else 语句相类似。例如，如果条件不满足的话，IGTZ[174]就会执行其第三个参数。

算法所使用的问题特征取决于所解决的装箱问题。例如，用于一维装箱问题的问题特征包括[82,174]：

① 箱子的充满度，即箱子中所包含的物品的尺寸的总和。

② 箱子的容量。

③ 要装入箱子中的物品的尺寸。

④ 当前箱子的剩余空间。

同样，对于二维条带装箱问题，算法所使用的问题特征是针对具体问题的[82]：

① 箱子宽度和物品宽度之间的差值。

② 箱子的高度。

③ 某个箱子的高度与其对面箱子高度之间的差值，对面的箱子指的是在该箱子右侧的箱子。

④ 某个箱子与其相邻箱子高度之间的差值。

除了问题特征之外，现有的启发式算法和这些启发式算法的组成部分也可以被融入启发式算法中。例如，在 Sim 和 Hart[174]所开展的研究中，下述用于箱子选择的启发式算法组成部分也被包含进启发式算法中：

① 尝试将最大的物品装入当前的箱子中，如果尝试成功，则算法返回一个值 1，否则返回-1。

② 尝试将由两个物品构成的一个组合装入当前的箱子中，该组合是所有由两个物品构成的组合中尺寸最大的。如果尝试成功，则算法返回一个值 1，

否则返回-1。

③ 尝试将由三个物品构成的一个组合装入当前的箱子中，该组合是所有由三个物品构成的组合中尺寸最大的。如果尝试成功，则算法返回一个值 1，否则返回-1。

④ 尝试将由五个物品构成的一个组合装入当前的箱子中，该组合是所有由五个物品构成的组合中最大的。如果尝试成功，则算法返回一个值 1，否则返回-1。

⑤ 尝试将最小的物品装入当前的箱子中，如果尝试成功，则算法返回一个值 1，否则返回-1。

生成构造类超启发式算法采用了一种技术，将问题特征以及现有的启发式算法的组成部分与算子相结合，以创建新的低层次构造类启发式算法。遗传规划算法[96]目前已被用于实现这一目的，以求解装箱问题。函数集由算子组成，而表示问题特征和现有构造类启发式算法的组成部分的变量则形成了遗传规划算法的终端集。整数常量也可以被包含在终端集中，因此，整数常量可以被包含在新的更新进化得到的启发式算法中[174]。函数集和终端集用于创建初始种群，该种群由表示低层次启发式算法的表达式树组成。算法通过评估、选择和应用遗传算子这一过程，对初始种群进行迭代改善，以进化出新的低层次构造类启发式算法来求解装箱问题。

Sim 和 Hart[174]使用遗传规划算法的一种变体算法，即单节点遗传规划算法，为一维装箱问题来生成构造类启发式算法。作者并非采用一种实现方法来实现单节点遗传规划算法，而是采用一种分布式架构，即孤岛模型，目的是使得算法能够对由启发式算法构成的空间中的多个区域同时进行探索。作者使用了标准的乘法运算符、受保护的除法、关系运算符（即小于和大于）和条件分支运算符。终端集由表示问题特征、现有低层次启发式算法的组成部分和整数常量这三者的变量所组成。问题实例被分组为一个训练集和一个测试集。单节点遗传规划算法的孤岛模型使用训练集来创建低层次构造类启发式算法，然后将所创建的算法应用于测试集。因此，进化更新得到的启发式算法是可重用的。进化更新得到的启发式算法比现有的启发式算法的性能表现更好。

Hyde[82]详细研究了如何使用遗传规划生成构造类超启发式算法来求解二维条带装箱问题。启发式算法由标准的算术运算符、受保护的除法和问题特征所组成。进化更新得到的启发式算法是一次性的，与单独应用现有的构造类启发式算法相比，使用该算法时的性能表现更好。

在文献[82]中，作者对为一维、二维和三维装箱问题以及背包问题创建启发式算法的一种超启发式算法进行了研究。作者所使用的运算符包括标准的加法、减法和乘法运算符，以及受保护的除法运算符。问题特征考虑了所有的三个维度，包括拐角的 x 轴、y 轴和 z 轴坐标，物品的体积和价值，以及用来度量每个物品所浪费的空间三个变量，这一度量是从每两个维度的组合，即 xy、xz 和 yz，这一方面来进行的。进化更新得到的启发式算法是一次性的，并且与单独使用现有性能表现最佳的启发式算法相比，使用该算法的性能表现一样好。

9.4 小 结

在求解装箱问题方面，超启发式算法已被证明是有效的。对于一维和二维装箱问题，选择构造类超启发式算法的性能表现优于现有的人工设计开发出来的启发式算法。类似地，生成构造类超启发式算法会创建新的低层次构造类启发式算法，该算法在一维、二维和三维装箱问题上的性能表现优于现有的人工设计开发出来的启发式算法。而且，生成这些启发式算法所花费的时间小于人工设计开发这些算法所需花费的时间。因此，生成构造类超启发式算法的使用提供了一种方法，能够使得用于求解装箱问题的构造类启发式算法的设计实现自动化。

多点搜索算法基本上已经被选择构造类超启发式算法所采用。考虑到诸如禁忌搜索算法和可变邻域搜索算法等单点搜索算法在其他问题领域（如考试时间表编排问题）的成功应用[30]，对单点搜索算法在求解装箱问题时探索由启发式算法所构成的空间这一方面的有效性开展研究将会是一件很有趣的事情。未来的一个研究方向将会是对多点搜索算法和单点搜索算法在求解装箱问题时探索由启发式算法所构成空间这一方面的性能表现进行比较。

考虑到选择构造类超启发式算法和生成构造类超启发式算法在独立求解装箱问题时的性能表现都很好，对将这两种超启发式算法结合起来的混合算法开展研究将会是一件很有趣的事情。生成构造类超启发式算法将会创建新的启发式算法，这些启发式算法会被包含在由选择构造类超启发算法所生成的启发式算法排列组合或者“条件-动作”规则中。

遗传规划算法基本上已经被用于生成新的构造类启发式算法，并在文献

[82]中被证明是有效的。然而，在文献[174]中，作者并非采用标准的遗传规划算法，而是使用了单节点遗传规划算法，并且研究发现，在为装箱问题生成有效的启发式算法方面，该算法比标准的遗传规划算法更为有效。而且，由遗传规划算法进化更新得到的启发式算法包含冗余代码，导致启发式算法的可读性不强。人们还应该对诸如语法进化等其他技术如何生成启发式算法开展研究。

目前，对于如何使用摄动类超启发式算法来求解装箱问题的研究尚不充分。应该对选择构造类超启发式算法和生成构造类超启发式算法，以及构造类和摄动类超启发式算法的混合算法求解装箱问题都加以研究。

第 10 章 考试时间表编排问题

10.1 引　　言

考试时间表编排问题是超启发式算法研究领域中研究最早和研究最多的问题之一。现有的研究已经涵盖到了很多有趣的研究问题，从高层次的启发式算法选择机制、动作判断接受标准以及智能的低层次启发式算法的设计方法，到对处于两个层次上的两个搜索空间的严格定义这种基础性的研究。现有的相关研究已经取得了不错的研究成果，并且在设计适用于不同的基准测试问题和现实世界问题的既简单又有效的方法方面，人们也已经取得了长足的进展。

考试时间表编排问题可以定义为将一组考试分配到固定数量的时间空档，同时满足一些预先定义的硬约束和软约束条件（具体介绍请参阅附录 B.4），每个考试都对应有一个报名该考试的学生的数量。在关于考试时间表编排问题的文献中，许多基准测试数据集目前已经被引入研究和竞赛中，并且在过去的五十年里被大量测试研究[153]。这些研究主要关注的是多种多样的启发式算法和元启发式算法，并且这些方法很快就被超启发式算法所采用。附录 B.4 介绍了考试时间表编排问题的严格定义和相关的基准测试数据集。

10.2 求解考试时间表编排问题的低层次构造类启发式算法

早期对考试时间表编排问题的研究主要集中在构造类启发式算法上，由此产生了一大批简单的启发式算法，人们可以很容易地将这些简单的启发式算法作为构造类超启发式算法中的低层次启发式算法来使用。最基本的时间表编排问题可以建模为一个图着色问题[153]，因此，图着色启发式算法目前已经被广泛地应用于构造类超启发式算法中，并且它们在考试时间表编排和课程时间表编排这两个问题上都表现出不错的性能[142]。

在构造类超启发式算法中广泛使用的图着色启发式算法使用以下标准对考试进行排序，排序的主要根据是将考试分配到时间空档的难易程度。考试时间表是通过优先安排难度最大的考试而一步一步构建起来的。

① 最大度优先：根据每个考试与其他所有考试的冲突的次数（称为度），按照其度从大到小的顺序对所有的考试进行排序。

② 饱和度优先：在创建考试时间表的过程中，根据剩余的可用于安排考试的时间空档的数量，按照从小到大的顺序对考试进行动态排序。

③ 最大着色度优先：根据某个考试与那些已经完成分配的考试的冲突次数，按照其冲突次数从大到小的顺序对考试进行排序。

④ 最大报名人数优先：根据报名参加考试的学生的人数，按照其从大到小的顺序对所有的考试进行排序。

⑤ 最大加权度：使用最大度优先这一标准对考试进行排序，权值是涉及考试冲突的学生的人数，即同时参加两次及以上考试的学生的人数。

⑥ 最高成本：根据违反软约束的代价成本（违反软约束是由于将考试分配到当前的时间表中所造成的），按照其从大到小的顺序对所有的考试进行排序。

10.3 求解考试时间表编排问题的低层次摄动类启发式算法

与其他应用背景一样，用于求解考试时间表编排问题的摄动类超启发式算法同样使用简单的邻域结构，以在搜索过程中的每次循环时对单个或多个变量进行改变。在文献中，摄动类超启发式算法通常使用下述这组低层次启发式算法（邻域算子）中的一部分[34,132]，或者使用诸如考场约束[54]等其他特征来对这些低层次启发式算法进行扩展。

① 移动一个考试：算法会选择一个考试，并且将其移动到一个新的可用于安排考试的时间空档里。

② 对换：将两个考试的时间空档进行对换，这一对换要满足一些约束条件。

③ 移动 n 个考试：将随机选择的 n 个考试移动到新的可用于安排考试的时间空档里，这些移动要满足一些约束条件。

④ 移动整个时间段：将随机选择的某整个时间段内的所有考试整体插入另一个不同的时间段内。

⑤ 对换两个时间段：将两个时间段中的所有考试进行对换。

⑥ Kempe 链：将两个时间段中相互冲突的考试中的一部分进行对换。

⑦ 基于约束：将那些违反特定的软约束的考试选择出来，并将这些考试移动到一个不同的时段。

10.4　求解考试时间表编排问题的选择类超启发式算法

针对时间表编排问题的研究，主要集中在选择类超启发式算法上，这些超启发式算法对由低层次启发式算法构成的算法集合进行配置或从中进行选择，算法集合中的低层次启发式算法已在 10.2 节和 10.3 节中定义。

10.4.1　求解考试时间表编排问题的选择摄动类超启发式算法

与选择构造类超启发式算法相比，目前对选择摄动类超启发式算法的研究相对较少，有限的研究主要集中在处于较高层次的启发式算法选择和动作判断接受标准上[34,132,54]。算法所使用的启发式算法选择方法多种多样，从最简单的随机选择方法[54]到复杂的遗传算法[33]，以从 10.3 节所列出的算法集合中来选择低层次启发式算法。动作判断接受标准罗列如下：

① 接受全部动作：所有的动作都会被接受。

② 仅接受能够改进解的质量或者能够产生相同质量的解的动作：只有那些能够改进解的质量或者能够产生相同质量的解的动作才会被接受。

③ 蒙特卡罗或者模拟退火接受标准：以一定的概率来接受不能改进解的质量的动作，所有能够改进解的质量的动作都会被接受。

④ 大洪水接受标准：适应度低于所定义的阈值的那些解会被接受，并且该阈值会随着循环次数的增加而逐渐减小。

⑤ 逾期接受标准：接受那些比最近已访问的若干个解的质量更好的解。

表 10.1 对摄动类超启发式算法进行了总结。

表 10.1　求解考试时间表编排问题的选择摄动类超启发式算法

论文作者	高层次方法	低层次启发式算法	数据集
Bilgin 等[18]	7 个启发式算法选择方法，5 个动作判断接受标准	基于冲突的考试和时间空档选择	Toronto，Yeditepe，函数优化
Ozcan 等[132]	具有大洪水接受标准的选择函数	基于冲突的考试选择	Toronto，Yeditepe
Burke 等[34]	4 个启发式算法选择方法，3 个基于蒙特卡罗的动作判断接受标准	基于冲突的 4 个考试选择方法	Toronto
Burke 等[33]	遗传算法	23 个邻域结构	Toronto
Demeester 等[54]	简单的随机锦标赛选择方法	4 个、3 个或 2 个动作算子，4 个动作判断接受标准	Toronto，ITC，KAHO

在一系列的研究论文[18,131,132]中，选择摄动类超启发式算法的一次典型循环过程由两个步骤组成，即处于较高层次的启发式算法选择和动作判断接受。人们已经对这两个步骤中不同策略的组合开展了大量的实验研究与分析[18]。在文献[132]中，作者对用于启发式算法选择的强化学习算法进行了研究，该研究针对的是选择类超启发式算法，并且该超启发式算法使用的是线性递减的大洪水动作判断接受标准。作者对诸如正向和负向适应率以及存储长度等若干因素进行了研究，这些学习过程中的因素是用来奖励或者惩罚低层次启发式算法的。在文献[34]中，对于四种不同的启发式算法选择方法和三种基于蒙特卡洛的动作判断接受标准，研究发现，带重新加热的模拟退火算法在设计选择摄动类超启发式算法时是一种非常有潜力的算法。

在文献[54]中，作者在较高的层次上使用一个简单的锦标赛选择方法从三组低层次启发式算法中选择最好的邻域算子，以求解三个已知报名参加考试的人数和基于课程的时间表编排问题。深入分析所得出的结论与文献[18]中的结论一致，即启发式算法选择方法和动作判断接受标准这二者的组合中没有一种组合能够在不同的问题实例上均优于其他组合。作者提出了一个有趣的研究问题，即在选择摄动类超启发式算法中如何设计开发更智能的低层次启发式算法。

在文献[33]中，作者研究了一种新的方法。在该方法中，作者使用遗传算法从一个大规模的可选邻域集合中为一个可变邻域搜索算法智能地选择合适的邻域。这一可变邻域搜索算法可以被视为是使用遗传算法进行配置的，并且给出了在当时是最优的一些结果。研究发现，尽管 23 个邻域算子中的 10 个邻域算子对可变邻域搜索算法结果大幅改善做出的贡献最大，但是其他的邻域算子也是有用的；因此，为了在不同的问题实例上均取得良好的性能表现，算法仍然需要自适应地进行选择。

10.4.2　求解考试时间表编排问题的选择构造类超启发式算法

在用以求解考试时间表编排问题的算法中，选择构造类超启发式算法是最早被研究的求解算法。表 10.2 对这些超启发式算法进行了介绍总结。

表 10.2　用于考试时间表编排问题的选择构造类超启发式算法

论文作者	较高层次的方法	低层次启发式算法	数据集
Terashima-Marín 等[183]	具有间接编码的遗传算法	具有颜色冲突程度的约束满足问题策略	Toronto
Ross 等[160]	具有 3 个交叉算子和 3 个变异算子的遗传算法	16 个活动选择，28 个时间空档选择	Toronto，ITC 课程时间表
Burke 等[40]	基于案例的推理	最大度优先，着色度，饱和度优先，最大报名人数优先，最大加权度	Toronto，课程时间表
Burke 等[38]	禁忌搜索算法	最大度优先，着色度，饱和度优先，最大报名人数优先，最大加权度，随机	Toronto
Qu 等[152]	自适应迭代局部搜索算法	饱和度优先，最大加权度	Toronto，课程时间表
Qu 和 Burke 等[151]	4 个局部搜索算法	最大度优先，最大报名人数优先，着色度，饱和度优先，最大加权度	Toronto
Asmuni 等[7]	构造类启发式算法的模糊组合	最大度优先，最大报名人数优先，饱和度优先	Toronto
Pillay 和 Banzhaf [143]	4 个层次的组合算法	最大度优先，最大加权度，饱和度优先，最大报名人数优先，最高成本	Toronto
Li 等[103]	人工神经网络算法，逻辑回归算法	最大度优先，着色度，饱和度优先，最大加权度	Toronto
Pillay 和 Rae[148]	具有三种编码方式的进化算法	最大度优先，最大加权度，饱和度优先，最大报名人数优先，最高成本	Toronto
Sabar 等[165]	低层次启发式算法的 4 个层次的组合算法	最大度优先，最大着色度优先，饱和度优先，最大报名人数优先	Toronto，ITC07
Qu 等[154]	基于分布估计算法的启发式算法	15 个图形着色算法	Toronto

超启发式算法的早期研究聚焦于遗传算法中的间接编码，研究目的是克服直接编码的局限性，并提高构造类方法的泛化性能。在文献[183]中，一系列约束满足策略（利用着色度启发式算法对变量和值进行排序）的间接编码会被进化更新，来创建时间表。当时的文献中尚未出现“超启发式算法”一词，但是，算法所给出的具有潜力的结果已经表明，通过对启发式算法的组合进行进化更新来开发更加通用的算法是一个新的研究方向。

在文献[160]中，作者对三种不同的适应度度量标准在解的质量的方差上的性能表现开展了深入的分析，以此来反映算法性能的总体泛化能力，也就是说，较低的方差意味着算法在求解不同的问题实例时具有更好的泛化能力。一个具有不同的交叉和变异算子的稳态遗传算法被用来对大量的用于活动和时段选择的低层次启发式算法进行进化更新，这些启发式算法是从 10.2 节中的启发式算法扩展而来的。通过使用对问题状态的不同描述，这些低层次启发式算法被用来为不同的时间表编排问题构建时间表。与固定的构造类启发式算法相比，这些算法给出了具有潜力的结果，这体现出超启发式算法具有很好的协同增效作用，因此，未来可进一步拓展对该领域的研究。

文献[32]建立了一个简单并且有效的基于图的选择类超启发式算法框架，用以选择基于图着色的低层次启发式算法（如 10.2 节所列出的那些算法）来构建时间表。在较高的层次上，作者使用禁忌搜索算法来搜索由五种图着色低层次启发式算法和一个随机排序策略所组成的启发式算法序列。在文献[151]中，作者在这一框架下给出了两个搜索空间，即由启发式算法构成的空间和由问题的解构成的空间的严格定义。作者在文中对这两个搜索空间中的一些有趣的问题，诸如两个搜索空间大小的上界、表示方式和动作算子等进行了讨论。分析表明，在由启发式算法构成的空间上进行较高层次的搜索并不能得到解空间中的所有解。作者将一个简单的局部搜索算法与基于图的选择类超启发式算法进行组合，来进一步提高解的质量，这主要是通过利用那些对由启发式算法构成的空间进行较高层次的搜索所不能得到的解来实现的。作者指出，在这一选择构造类基于图的超启发式算法中，较高层次的搜索的作用是对含有解的区域进行更大范围地探索，而局部搜索算法则是进一步利用在解空间中所获得的解。

上述文献[32]中基于图的选择类超启发式算法框架对由启发式算法构成的序列进行搜索，在这一过程中，作者在构造问题解的不同阶段会使用较为合适的低层次启发式算法。目前已经有一系列的论文对该框架的扩展形式进行了研究。文献[152]中，作者在较高的层次上使用一个两阶段自适应迭代局部搜索算法，来选择那些处于启发式算法序列的开始位置上的低层次启发式算法。然后使用局部搜索算法来改进整个启发式算法序列。作者是在对许多高质量的启发式算法序列在样本问题实例上的性能表现进行分析这一基础上设计的。研究发现，那些处于启发式算法序列的开始位置上的低层次启发式算法在构建高质量的时间表时是至关重要的。文献[154]中，作者使用一种分布估计算法来学习高质量的启发式算法序列中的那些有效的低层次启发式算法，这一学习过程是建立在统计信息的基础上的，而统计信息被收集在概率向量中。

在基于图的超启发式算法框架的基础上，一种基于知识的系统（该系统被称为基于案例推理的系统）被用来对构造类的图着色低层次启发式算法进行选择，这一选择过程主要基于那些被提取出来并存储在案例库中的离线知识[40]。那些先前被用来为训练问题实例构造高质量的时间表的较好的低层次启发式算法，与它们相对应的构造解的场景会一起被存储在案例库中，并且，当我们为新的问题实例构造时间表时遇到类似的场景，二者也会被检索到。知识发现技术被用来学习代表场景的特征，系统是在大量随机生成的课程时间表编排问题实例和考试时间表编排问题实例上完成训练的。文献[103]中，作者使用一个神经网络模型将低层次启发式算法序列分类为“好”或“差”。只有那些好的低层次启发式算法序列会被用来构造时间表，从而大大减少基于图的超启发式算法的计算开销。研究已经发现，在低层次启发式算法序列上使用神经网络算法和逻辑回归算法可以发现一些隐藏的模式。这意味着，一个潜在的研究方向是为多种多样的问题设计开发一些其他基于知识的方法。

文献[7]中，作者考虑了同时使用成对的图着色低层次启发式算法来构造时间表。对考试进行分配的整体难度是通过使用模糊逻辑将两个低层次启发式算法结合起来进行计算的，而非像第 10.2 节所展示的那样，只使用一个低层次启发式算法。研究发现，组合得到的构造类低层次启发式算法的性能表现优于单一的低层次启发式算法，并且，在构造可行解时减少了回溯（重新分配考试）的发生。尽管这一研究的重点是对构造类低层次启发式算法进行组合，而不是选择构造类低层次启发式算法，但是，可以使用模糊模型对该方法进行扩展，以探索是否可以对低层次启发式算法进行自适应的选择和组合。

文献[143]中，作者对两个图着色低层次启发式算法的四种层次的组合开展了研究。主要的低层次启发式算法被用于对考试进行选择，次要的低层次启发式算法用于打破平局，平局可能在将难度最大的考试分配给惩罚度最低的时间空档时会出现。与文献[7]中的情况相比，文献[143]提供了一种同时应用构造类低层次启发式算法的新方式。与文献中现有的结果相比，作者所获得的实验结果也具有优势。

进化算法中的编码方式问题已经在文献[148]中被讨论过了。作者比较了低层次启发式算法序列的三种不同的编码方式。研究发现，对于构造类启发式算法，长度可变的组合这一方式的性能表现更好一些。对于这三种编码方式，进化算法总是会收敛到同一个最佳的低层次启发式算法组合，这一组合与使用单一编码方式得到的组合是一致的。研究还发现，编码方式与问题特征毫无关联性，这表明该方法在不同的问题领域中具有通用性。

文献[165]中，作者基于四个按层次排序的列表（这些列表是使用低层次启发式算法所创建的）来计算难度指数，以自适应地分配难度最大的考试，这里的难度是由组合难度来度量的。轮盘赌选择方法被用来为所选中的考试选择时间空档。研究发现，与现有文献中的最佳方法相比，这种简单而纯粹的构造类方法能够给出具有优势的结果。

10.5 求解考试时间表编排问题的生成类超启发式算法

在当前的文献中，对于考试时间表编排问题，关于生成类超启发式算法的研究并不多。现有的低层次启发式算法已经被分解，用以为较高层次的生成类方法创建组件。这需要对具体问题有很好地理解，而这些理解和认识并太容易在不同的问题领域之间进行迁移。这就对提高那些高效的生成类超启发式算法的泛化能力提出了挑战，并为超启发式算法的未来研究方向提供了一些有趣的问题。

文献[11]中，对于如何设计开发有效的生成构造类超启发式算法，同时在语法的灵活性和搜索空间的大小之间取得平衡，该文献深入分析并提供了一些关于此的深入认识和见解。作者使用特殊的初始化方法，以及标准偏差树上的语法，来生成有效的初始树。在 10.2 节中介绍的使用最为广泛的图着色低层次启发式算法和时间空档选择启发式算法目前已经被分解，以便创建一个组件较为丰富的集合，用来生成复杂的新的启发式算法。研究发现，由于该方法能够进化出新的启发式算法，因此，与其他构造类超启发式算法以及一些改进方法相比，该方法的性能表现更好。

文献[146]中，在一组由诸如问题属性和时间空档选择启发式算法等低层次启发式算法构成的集合的基础上，作者研究了如何使用诸如遗传规划算法、遗传算法和随机生成算法等不同的高层次方法来进化出新的构造类启发式算法。在算术的超启发式算法和层次超启发式算法这两个超启发式算法中，作者还对两种不同编码方式这一问题开展了研究。在遗传规划算法中，将低层次启发式算法组合起来是通过树并使用函数运算符来实现的，而在遗传算法中，所使用的是一个个低层次启发式算法。在层次超启发式算法中，作者通过使用串中的下一个属性来打破平局。在算术超启发式算法中，使用所生成的构造类启发式算法得到的有序列表中的第一个活动会被分配给对应成本最小的那个时间空档；平局是通过随机选择一个具有相同成本的时间空档来打破的。

作者研究了两种类型的启发式算法，即算术启发式算法和层次启发式算法。研究发现，对于考试时间表编排问题，算术启发式算法的性能表现比层次启发式算法更好。另一个有趣的发现是，算术超启发式算法所生成的启发式算法不具有可读性。

10.6 小　结

在运筹学和人工智能领域，考试时间表编排问题目前已经被研究了 50 多年，这也促进了超启发式算法，诸如混合整数规划等精确方法，以及混合算法等领域研究的快速发展。考试时间表编排问题也是超启发式算法领域中被研究得最早的应用之一，并且在文献中被广泛用于基准测试问题上。

基于现有的丰富的构造类启发式算法和具有动作判断接受标准的搜索算子，人们既设计开发了选择构造类超启发式算法，也设计开发了选择摄动类超启发式算法。由多种多样的启发式算法和算子形成的组合算法和扩展算法被较高层次的方法所选择出来，以构建或者改进考试时间表编排方案，这些考试时间表编排方案受到不同的约束条件的限制。关于用来求解考试时间表编排问题的选择类超启发式算法，目前的研究重点是设计多种多样的高层次选择方法，从简单的选择函数、随机锦标赛选择算法和进化算法，到诸如模糊逻辑算法、混合排序策略、人工神经网络算法和基于案例的推理方法等各种各样的技术。设计开发有效的高层次方法所涉及的研究问题包括进化算法中不同的编码方法，以及对由启发式算法和问题的解构成的搜索空间进行分析等，对这些问题的研究会在用于求解考试时间表编排问题的选择类超启发式算法的通用性和基本原理等方面获得一些发现。

对于生成类超启发式算法，与诸如车辆路径规划问题和装箱问题等其他应用相比，目前对考试时间表编排问题的研究相对较少。导致这一现象出现的部分原因可能是，人们对生成用于求解考试时间表编排问题的新的构造类启发式算法的需求较低，这是因为在过去的五十年里，元启发式算法领域的研究人员已经对这一问题进行了大量的研究。生成类超启发式算法的一个潜在问题是，其所生成的启发式算法通常可读性较差，或者不易进行解释说明，因此，有时无法对这些启发式算法进行重复使用来求解其他的问题。这种情况不仅在生成类超启发式算法求解考试时间表编排问题时会出现，在生成类超启发式算法求解具有复杂约束的其他领域的问题时也会出现。

第 11 章 多领域通用的超启发式算法

11.1 引　　言

超启发式算法旨在提供一些通用性更强的启发式算法，这些算法在求解某一个领域中的所有问题时都能给出较好的结果，而非只是在求解某一两个问题实例时有效。多领域通用的超启发式算法将这种通用性的适用范围扩展到了多个问题领域。这一领域的研究基本上聚焦在如何求解离散组合优化问题上。为了设计开发出多领域通用的启发式算法，人们目前完全都在研究选择摄动类超启发式算法。这主要归因于 2011 年举办的跨领域启发式算法搜索挑战赛，该竞赛向超启发式算法领域的研究人员发起了挑战，邀请参赛者设计开发一个能够在六个不同的离散组合优化问题领域均给出较好的性能表现的选择摄动类超启发式算法[126]。目前，虽然已经有一些研究工作应用超启发式算法来求解多个问题领域的问题，但是，对这些超启发式算法的性能表现的评价是针对每个问题领域单独完成的，而非针对多个不同的问题领域，因此，这些超启发式算法并不被认为是多领域通用的超启发式算法。

11.2 节对跨领域启发式算法搜索挑战赛进行了概述。11.3 节对在此次挑战赛中表现较好的一些选择摄动类超启发式算法，以及在此次挑战赛之后被设计开发出来用于求解该问题的一些相对较新的超启发式算法进行了概述。

11.2 跨领域启发式算法搜索挑战赛（CHeSC）

为了促进超启发式算法在多个不同的问题领域的使用，从而提高超启发式算法的通用性，人们于 2011 年举办了跨领域启发式算法搜索挑战赛（CHeSC 2011）[126]。软件框架 HyFlex 就是为了实现这一目的而设计开发的，该软件框架能够帮助参赛者开发实现一个能够在六个不同的问题领域均给出较好的性能表现的选择摄动类超启发式算法。2014 年举办的跨领域启发式算法搜索挑战赛对设计开发一个多领域通用的启发式算法这一挑战进行了扩展，引入“批处理”方式，同时允许参赛者采用多线程策略。该软件框架为六个不同的问题领域中的每个问题领域提供了以下资源：

① 创建一个初始解的方法。

② 计算适应度值（即目标函数值）的方法。

③ 低层次摄动类启发式算法。

④ 针对某一问题领域的问题实例。

该软件框架所提供的上述资源主要针对以下组合优化问题：

① 布尔可满足性问题。

② 一维装箱问题。

③ 置换流水车间问题。

④ 人员调度问题。

⑤ 旅行商问题。

⑥ 车辆路径规划问题。

针对这六个不同的问题领域中的每个问题领域，可以使用的低层次启发式算法通常被分为四类[126]：

① 变异类启发式算法：也被称为摄动类启发式算法。这些启发式算法会对问题的解进行小幅度的改动。这些启发式算法所使用的动作算子包括交换、更改、添加或者删除解中的组件。

② 毁坏重建类启发式算法：这些毁坏—构建类启发式算法会删除某个解中的一些组件，然后使用针对特定问题的低层次构造类启发式算法来重新构建问题的解。

③ 局部搜索类启发式算法：也被称为爬山类启发式算法。这些启发式算法会对问题的解进行小幅度的改动，这一过程会循环进行。只有当新的解的适应度值等于或者优于原始解的适应度值时（该原始解为应用启发式算法之初得到的解），算法才会接受这个新的解。这些启发式算法确保了新的解的质量不会比原始解的质量差。

④ 交叉类启发式算法：这种启发式算法应用于两个被选中的解上，最后会产生单个子代。

对超启发式算法的性能表现的评价是在上述所有六个问题领域的问题实例上，通过将这一性能表现与同样用来求解这些问题的超启发式算法的性能表现进行对比来实现的。根据超启发式算法所给出的解对应的目标函数值，可以确定出八个性能表现最好的超启发式算法。这八个超启发式算法中每一个算法都会被分配一个排序值，排序值越高则表示对应算法的性能表现越好。其余的超启发式算法不会被分配一个排序值。然后将这些排序值相加，所得到和的值就可以表示每个超启发式算法在求解所有问题实例时和在不同问题领域上的性能表现。

11.3　超启发式算法所采用的方法

在本节中，11.3.1 节对跨领域启发式算法搜索挑战赛中排名前五的决赛入围作品进行了概述，11.3.2 节对在此次挑战赛之后被设计开发出来且取得不错求解结果的一些相对较新的超启发式算法进行了概述。

11.3.1　2011 年跨领域启发式算法搜索挑战赛中的决赛入围者

在跨领域启发式算法搜索挑战赛中最终获胜的方法是 AdapHH 算法。AdapHH 算法[117, 120]维持着一个由启发式算法所构成的自适应的动态集合，该集合被用于进行启发式算法选择。在启发式算法达到预先设定的一个循环次数最大值时，启发式算法会被评价，评价依据的是启发式算法在整个循环过程中的性能表现。为了对启发式算法进行评价，作者使用了一种性能指标，该指标从启发式算法性能表现的好坏，即启发式算法给出的解的质量以及求解速度这一角度来度量启发式算法的性能表现。根据性能指标计算得到的性能指数被用来计算每个启发式算法的质量指数。如果一个启发式算法的质量指数低于集合中所有启发式算法的平均质量指数，那么由启发式算法构成的集合在一定的循环次数内会跳过这个启发式算法，这些循环所对应的时间被称为禁忌持续时间。如果一个启发式算法的禁忌持续时间由于该算法被连续地跳过而增加，并且超过所设定的一个最大阈值，那么就可以从启发式算法集合中将该启发式算法永久删除。在算法达到所设定的循环次数后，可能会出现删除启发式算法的一些极端情况，即在当前所有循环中均表现不佳的启发式算法会被移除出启发式算法集合。算法会使用一个选择概率从启发式算法集合中选择一个启发式算法，其中，选择概率是算法求解问题时的性能表现和所花费的时间这二者的函数。该研究工作还引入了中继混合的概念，用以确定一对可以连续使用的启发式算法。作者引入了自适应且迭代次数受限的基于列表的阈值接受标准作为动作判断接受标准，以选择接受更好的动作。此外，该算法还会接受导致质量更差的解，这里的“质量更差”指的是与上一次迭代给出的解相比，而不是与最后一次迭代给出的解相比。

文献[80，81]中，作者针对六种组合优化问题，设计开发了一个可变邻域搜索选择摄动类超启发式算法。这个超启发式算法迭代执行四个步骤，即抖动、局部搜索、环境选择和周期性调整。在抖动这一步骤中，算法会从前述的变异类和毁坏重建类这两类启发式算法中选择一个低层次启发式算法，并将选中的算法应用到一个基础解上。在第一次迭代中，算法会随机选择一个基础解。局部搜索步骤涉及迭代使用来自前述的局部搜索类启发式算法中的启发式算法，当达到预先设定的迭代次数后且解的质量仍未有改善时，终止这一迭代过程。迭代次数是一个参数，最初被设置为一个最大值，在周期性调整步骤中其值会被调整。算法会维持一个由质量较好的解构成的规模动态变化的种群。在环境选择这一步骤中，在局部搜索步骤结束时所产生的新的解会替换掉种群中质量较差的解，并从种群中选择一个新的基础解用于下一次迭代。每当该算法的运行时间达到预先设定的时间预算值时，或者算法达到预先设定的迭代次数后解的质量仍未有改善时，算法就会启用周期性调整步骤。该方法在 2011 年举办的跨领域启发式算法搜索挑战赛中排名第二。

Larose[98]采用的 ML 算法在 2011 年举办的跨领域启发式算法搜索挑战赛中排名第三，该算法使用了强化学习算法。ML 算法在多样化搜索周期、集中化搜索周期和动作判断接受三者之间进行循环迭代。在多样化搜索周期中，ML 算法从变异类、重建类和无操作（不会产生任何效果）这三类启发式算法中选择出一些启发式算法。在集中化搜索周期中，ML 算法会对局部搜索算子进行选择。正如在文献[113]中所使用的强化学习算法那样，ML 算法会采用强化学习算法来选择要使用的启发式算法。ML 算法在选择启发式算法时，主要根据启发式算法在先前迭代过程中的性能表现来确定。ML 算法维持了一个权值矩阵，用以记录启发式算法的性能表现，根据启发式算法的性能表现，该权值矩阵也会被调整。如果 ML 算法在多样化搜索周期和集中化搜索周期这两个阶段结束后给出的解对当前迭代过程给出的解有所改善，或者在达到预先设定的迭代次数后仍未出现质量更好的解，那么该解就会被接受。

Chan 等[53]采用了一个选择摄动类超启发式算法，称为 PHunter 算法，该算法类似于通过潜水找寻珍珠蚌的采珠方法。通过潜水找寻珍珠蚌的采珠方法指的是潜水员下潜到水底搜寻珍珠并重新浮出水面这一过程。当潜水员浮出水面后，潜水员的下一次潜水会转移到一个新的区域，并在这一新的区域搜寻珍珠。潜水员下潜和转移到一个新区域这两个阶段可被视为与算法搜索中的集中化搜索和多样化搜索相类似。在“转移到一个新区域”或者多样化搜索这一阶段，算法会从除了局部搜索类启发式算法之外的其他几个类别中选择一个启发式算法。如果算法给出的解对应的目标函数值在预先指定的阈值范围内，那么算法将会继续执行该过程。在“下潜”或者集中化搜索这一阶段，算法会选用局部搜索类启发式算法。潜水包含两种方式，即浮潜和深潜。对应到算法中，浮潜对应的是使用一个较短的爬山者序列，搜索的深度较低，而深潜对应的是使用一个较长的爬山者序列，搜索的深度较深，深潜这一过程循环执行，直到目标函数值有所改进。算法首先执行浮潜，以获得一组解，这些解会被算法进行排名。接下来，算法会将深潜应用于由浮潜得到的质量最好的解构成的集合的一个子集上。PHunter 算法也能够以不同的模式来运行。例如，如果在浮潜和深潜过程中，启发式算法给出了相同的解，这一现象被称为“浅水”。这将导致算法只会执行浮潜，并且此时的浮潜是一个简化的启发式算法序列。PHunter 算法通过离线学习来确定其运行模式。PHunter 算法在 2011 年举办的跨领域启发式算法搜索挑战赛中排名第四。

排名第五的决赛入围作品是一个进化规划超启发式算法[112]。它采用了协同进化算法，即一个由解构成的种群和一个由启发式算法序列构成的种群会同时进化。初始时，问题的解是使用针对该问题领域的一个构造类启发式算法创建的，例如，针对一维装箱问题的首次适配启发式算法。初始时，由启发式算法序列构成的种群是随机创建的。每个启发式算法序列包括一个摄动部分和一个局部搜索部分，局部搜索部分紧随摄动部分之后。摄动部分由来自变异类、交叉类或毁坏重建类这三类启发式算法中的一个或两个启发式算法组成。局部搜索部分由局部搜索类启发式算法组成。每个局部搜索启发式算法要么只被使用一次，要么通过可变邻域下降算法被循环使用，算法只接受那些对应的目标函数值有所改善的解。每个启发式算法序列都会被评价，评价是通过将该序列应用于一个从种群中随机选择的解实现的。如果生成的解对应的目标函数值比种群中至少一个解对应的目标函数值要好，并且生成的解对应的目标函数值与已经在群体中的解对应的目标函数值均不同，那么算法就会用生成的解来取代种群中质量最差的解。作者使用了锦标赛选择算法和变异算子来创建后续几代的启发式算法序列。

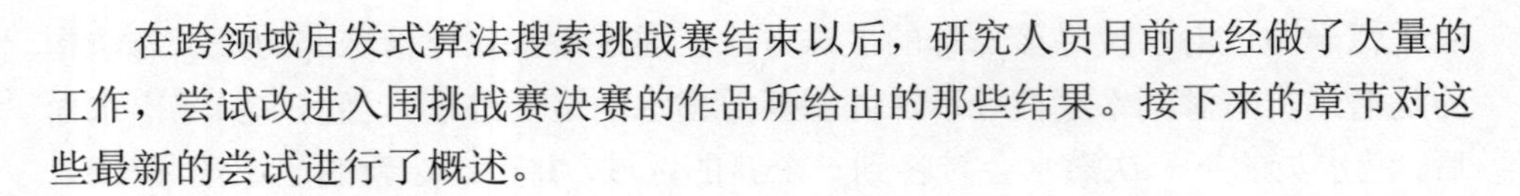

在跨领域启发式算法搜索挑战赛结束以后，研究人员目前已经做了大量的工作，尝试改进入围挑战赛决赛的作品所给出的那些结果。接下来的章节对这些最新的尝试进行了概述。

11.3.2 新近提出的方法

随着该研究领域的发展，一些新近提出的选择摄动类超启发式算法比上一小节所描述的大多数决赛入围作品的性能表现都要好。文献[168]中，低层次摄动类启发式算法被建模为一棵树。然后作者使用蒙特卡罗搜索算法对该树进行搜索，以选出将要使用的启发式算法。该算法含有一个存储机制，用来存储由问题的解构成的一个种群，问题的解是使用启发式算法所得到的。对于从存储机制中随机选择的一个解，算法会将每个启发式算法都用到这个解上。如果启发式算法给出的解比随机选择的这个解的质量更好，则算法会用新解来替换掉存储的这个解。动作判断接受部分既会接受所有质量有所改善的解，也会根据预先设置的概率接受质量较差的解。与跨领域启发式算法搜索挑战赛中排名前五的决赛入围作品相比，这个超启发式算法的性能表现更为出色。

文献[92]中，算法首先会构造由低层次启发式算法所组成的启发式算法序列。然后将这些启发式算法序列建模为隐马尔可夫模型，其中每个启发式算法对应于马尔可夫模型中的一个隐藏状态，并且每个启发式算法都会被分配一个被选中的概率。动作判断接受标准是一个二元决策，它要么接受所有的动作，要么接受一个比先前的启发式算法序列产生的解质量更好的解。与跨领域启发式算法搜索挑战赛中排名前五的决赛入围作品相比，这个选择摄动类超启发式算法的性能表现更为出色。

文献[93]中，作者使用了一个迭代多阶段超启发式算法。在这一研究工作中，作者交替循环使用两个超启发式算法。其中的一个超启发式算法，即阶段 2 超启发式算法，被用来确定低层次启发式算法的有效性，这是通过贪婪选择方法来实现的。根据其性能表现，每个低层次启发式算法都会被分配一个分数。由性能表现最好的启发式算法构成的子集会被第二个超启发式算法，即阶段 1 超启发式算法所使用。在阶段 1 超启发式算法中，轮盘赌选择算法被用来选出一个启发式算法，阈值判断接受标准被用来决定是否接受所选择的启发式算法。阈值判断接受标准会接受所有质量有所改善的解，也会接受那些虽然对应的目标函数值比目前获得的质量最好的解对应的目标函数值差，但二者差值在一个预先设定的阈值范围内的解。算法会首先运行阶段 1 超启发式算法，并且初始时所有的低层次启发式算法都会被分配一个相同的分数。算法中还融入了中继混合算法，即将启发式算法进行结对，并且结对的两个算法会连续运行，中间不会间隔其他算法。每个低层次启发式算法都会按照一个预先设定的时间长度来运行。然后算法会利用阶段 2 超启发式算法对由低层次启发式算法所构成的集合进行简化。在这两个超启发式算法的交替循环过程中，作者将目标函数值是否改善作为判断标准，来确定何时在两个超启发式算法之间进行切换。与前一小节所介绍的排名前五的决赛入围作品相比，这个算法的性能表现也更为出色。

文献[9]中，针对如何设计多领域通用的启发式算法这一挑战，作者采用了一个基于张量的混合型动作判断接受超启发式算法。这个超启发式算法在运行时分为五个阶段，即噪声消除阶段、张量构造阶段、张量分解阶段、张量分析阶段和混合型动作判断接受阶段。噪声消除阶段主要是确定将要使用的一组低层次启发式算法，即算法将去除掉那些性能表现较差的启发式算法。算法会使用这些启发式算法来构建一个张量，并对这个张量进行分解，以确定哪些启发式算法在结对使用时会有较好的性能表现。张量分析阶段涉及将启发式算法划分为两个部分，每个部分使用一种不同的动作判断接受方法。这形成了两种选择摄动类超启发式算法，这两种算法将在一个预先设定的时间段内以循环赛的方式被使用。上述过程会被循环执行，以求解当前的优化问题。与排名前五的决赛入围作品中的四个，即 ML 算法、可变邻域搜索选择摄动类超启发式算法、PHunter 算法和进化规划超启发式算法相比，这个算法给出了更好的求解结果。

11.4　小　　结

本章介绍了多领域通用的超启发式算法，也就是在不同的组合优化问题领域的问题实例上均能够给出较好的性能表现的超启发式算法。归因于 2011 年举办的跨领域启发式算法搜索挑战赛和软件框架 HyFlex 的开源（具体介绍请参阅附录 A.1），多领域通用的超启发式算法这一领域的研究目前主要聚焦在选择摄动类超启发式算法上。这些超启发式算法中的绝大多数算法都包含一个机制，该机制用于在某个时间点对由低层次启发式算法构成的集合进行简化。在 AdapHH 算法[120]中，作者维持了一个动态的启发式算法列表，性能表现较差的启发式算法会在一个预先设定的时间段内被从该列表中去除掉，或者被完全去除掉。类似地，在 Kheiri 和 Ozcan 所开展的研究[93]中，另一个超启发式算法被用于确定将要使用的一组低层次启发式算法，在文献[9]中，算法中的噪声消除阶段就是要确定将要使用的一组低层次启发式算法。此外，现有算法所采用的动作判断接受标准除了接受那些能够带来目标函数值的改善的动作之外，还会接受那些导致目标函数值变差的动作，从而使得搜索能够跳出局部最优解。在性能表现最好的那些超启发式算法中，有两种超启发式算法已经展示了中继混合方法的有效性，因此，中继混合方法值得进一步深入研究。为了更好地理解这些超启发式算法的性能表现，人们还需要对这些算法进行全面细致的理论分析，例如适应度地形分析等。

目前，这一领域的所有研究都涉及了选择摄动类超启发式算法。此外，当前也存在一些关于多领域通用的选择摄动类超启发式算法的自动生成的研究[124,167,169]。这些研究将在 13 章中进行讨论，然而，对于求解跨领域的优化问题，关于选择构造类超启发式算法和生成类超启发式算法的研究还比较匮乏。未来，人们需要对这个问题开展研究。

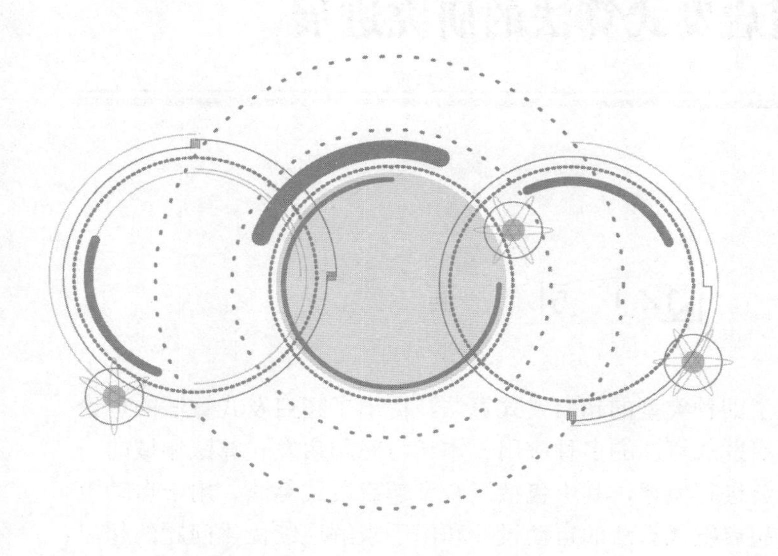

第三篇　过去、现在与未来

第 12 章 超启发式算法的研究进展

12.1 引　　言

前几章已经介绍了四种类型的超启发式算法，提出了超启发式算法的理论基础，并且研究了超启发式算法的多种应用。本章将对超启发式算法领域的一些前沿方向和发展趋势进行概述，其中包括混合型超启发式算法、用于自动设计的超启发式算法、超启发式算法的自动设计和用于求解连续优化问题的超启发式算法。

12.2 混合型超启发式算法

混合型超启发式算法是指将两种或两种以上类型的超启发式算法，即选择构造类超启发式算法、选择摄动类超启发式算法、生成构造类超启发式算法和生成摄动类超启发式算法结合起来求解一个优化问题。在该领域所开展的研究工作中，大部分研究都是将两种超启发式算法结合在一起。在文献[79]中，作者使用了一个生成构造类超启发式算法来创建新的构造类启发式算法，该超启发式算法使用了遗传规划算法。一个遗传算法选择构造类超启发式算法被作者用来确定一个求解优化问题时最为有效的序列，序列都是由所创建的新的构造类启发式算法组成的。这个混合型超启发式算法被用于求解容量受限的车辆路径规划问题，并且其性能表现优于求解该问题通常所使用的构造类启发式算法。

针对运输能力受限的跨单元调度问题，Li 等[102]使用了一个混合型超启发式算法来最小化总的加权延迟时间。作者使用了一个生成摄动类超启发式算法对规则进行进化更新，以改进解的质量。用于求解优化问题的规则是利用一个选择摄动类超启发式算法选出的。生成构造类超启发式算法采用遗传规划算法对规则进行进化更新。选择构造类超启发式算法将一个遗传算法与局部搜索算法相结合，来选择将要被使用的那些规则。与人工设计的用于求解优化问题的规则相比，混合型超启发式算法的性能表现更为出色。

Sim 和 Hart[175]使用了一个混合型超启发式算法求解车辆路径规划问题。一个使用了遗传规划算法的生成构造类超启发式算法被用来对构造类低层次启发式算法进行进化更新，这些低层次启发式算法用于创建一个由问题的解构成的种群。接下来，一个使用了基于记忆算法的选择摄动类超启发式算法被用来对由初始解构成的种群进行改进。研究发现，对于所测试的车辆路径规划问题实例，由超启发式算法产生的结果与目前已知的最优结果相比具有优势。

Miranda 等[116]采用了一个混合型超启发式算法来实现粒子群优化算法的自动设计，该混合型超启发式算法由一个知识库所支持。一个使用了基于语法的遗传规划算法的生成摄动类超启发式算法被用来生成算法。语法明确规定了哪些算法步骤（例如，对粒子群进行初始化所要采取的策略）和参数（例如，变异概率）可以由遗传规划算法结合起来生成粒子群优化算法。一个基于案例推理系统的选择摄动类超启发式算法被用来选择一个进化更新过的粒子群优化算法，这个被选中的算法会被用来求解当前的优化问题。在基于案例的推理中，知识库存储着优化问题的一些特征（例如，优化问题的适应度地形）和相对应的用于求解该优化问题的进化更新过的算法。当求解一个新的问题时，算法会将新问题的特征与存储在知识库中的那些特征进行比较，以在库中找到与新问题最为相似的问题，从而检索到对应的求解算法。作者使用欧几里得距离来度量优化问题之间的相似性。研究发现，在求解 60 个优化问题时，这个混合型超启发式算法的性能表现优于标准的粒子群优化算法。

12.3　用于实现自动化设计的超启发式算法

在实现多种机器学习算法和搜索技术的设计自动化方面，超启发式算法已经被证明是有效的。选择摄动类超启发式算法和生成摄动类超启发式算法目前已经被用来实现这一目的。本小节对该领域所开展的一些研究进行了总结。选择摄动类超启发式算法目前已被用于选择低层次启发式算法，可供选择的对象包括参数值、算子、选择方法和元启发式算法。生成摄动类超启发式算法目前已经被用来生成算子、规则和算法。

在 Hong 等所开展的研究中[78]，一个使用了遗传规划算法的生成摄动类超启发式算法被用来对进化规划算法的变异算子进行进化更新，该进化规划算法被用来求解函数优化问题。算子是使用一个训练集来产生的，并且研究发现，当算子被用在进化规划算法中求解一组测试问题时，这些算子具有很好的通用性。研究还发现，与使用了人工设计的算子的进化规划算法相比，使用了进化更新后的变异算子的进化规划算法具有更好的性能表现。

Branke 等[20]使用了一个生成摄动类超启发式算法为动态随机车间作业调度问题生成分派规则。该超启发式算法采用了一个进化算法，对由分派规则构成的搜索空间进行探索。作者对分派规则的三种表示形式，即表达式树、神经网络和线性组合作了比较。研究发现，表达式树这种表示形式最为有效。

Lourenco 等[107]采用了一个语法进化选择摄动类超启发式算法来实现一个进化算法的设计自动化，该进化算法被用来求解背包问题。超启发式算法为进化算法选择控制模型，例如，进化代数、算子及其对应的概率、选择方法及其相关参数值（例如，锦标赛的规模）等。研究发现，由超启发式算法所生成的进化算法的性能表现与人工设计的进化算法的性能表现相比具有竞争优势。

Barros 等[15]使用了一个遗传规划生成摄动类超启发式算法，称为 HEAD-DT 算法，来生成用于数据分类的决策树归纳算法。作者在 20 个二元分类和多类别分类问题实例上对该超启发式算法进行了测试，并将其性能表现与 C4.5 算法和分类与回归树算法 CART 进行了比较，其中 C4.5 算法和分类与回归树算法 CART 是当前最为先进的决策树归纳算法。研究结果表明，在预测精度方面，遗传规划生成摄动类超启发式算法 HEAD-DT 所给出的归纳算法优于 C4.5 算法和分类与回归树算法 CART。

Falcao 等[58]实现了一个选择摄动类超启发式算法，用于对在求解优化问题的每个阶段要使用的元启发式算法及其参数进行选择。在这种情况下，低层次启发式算法指的是元启发式算法及其参数值。作者使用这个选择摄动类超启发式算法求解一个调度问题，该问题涉及在资源受限的情况下完成任务分配。强化学习算法被用来完成这些选择。与一个用来求解该问题的多智能体方法相比，该超启发式算法的性能表现更为突出。

Maashi 等[108]使用了一个选择摄动类超启发式算法，用于在求解多目标优化问题的每个时间点上对要使用的多目标进化算法进行选择。这里的低层次启发式算法包括 NSGA-II 算法、SPEA2 算法和 MOGA 算法。该超启发式算法使用了一个选择函数来实现启发式算法选择，并使用了大洪水算法或者延迟接受标准来进行动作判断接受。研究发现，在求解两个领域的问题时，即 Walking Fish Group 测试集和车辆耐撞性设计问题，该超启发式算法的性能表现与 NSGA-II 算法的性能表现相比具有竞争优势。

在文献[64]中，作者使用了一个选择摄动类多目标进化算法来设计一个堆叠的神经网络。超启发式算法需要完成的设计相关的决策包括以下内容，必须包含在堆中的神经网络的数量、神经网络的输出的权重，以及每个神经网络的隐藏神经元的数量。该多目标进化超启发式算法将 NSGA-II 算法与拟牛顿优化算法结合了起来。作者在一个现实世界问题上对该超启发式算法进行了测试，这个现实世界问题为对基于聚丙烯酰胺的多组分水凝胶合成过程进行建模。研究发现，由超启发式算法设计出来的堆叠神经网络优于人工设计的堆叠神经网络。

12.4　超启发式算法的自动化设计

虽然在实现多种机器学习技术和元启发式算法的设计自动化方面，超启发式算法已经被证明是有效的，但是该领域一个新近的研究方向是对超启发式算法进行自动化设计。本节对专注于这一方向的一些研究工作进行了介绍。这些研究工作中的大多数都聚焦在选择摄动类超启发式的设计上。

Choong 等[46]使用了强化学习算法，即 Q 学习算法，来设计一个选择摄动类超启发式算法。Q 学习算法被用来对超启发式算法中的启发式算法选择部分和动作判断接受部分这两部分进行设计，这是通过从六种启发式算法选择方法和五种动作判断接受技术中进行选择来实现的。选择摄动类超启发式算法是一个迭代局部搜索算法，但算法中包含了前述所选择的两个部分。迭代局部搜索算法还包括一个集中化搜索和多样化搜索阶段。在 2011 年举办的跨领域启发式算法搜索挑战赛所涉及的几个问题领域上，该方法给出了具有竞争力的求解结果。

在 Sabar 等[169]所开展的研究中，基因表达式编程算法被用来生成选择摄动类超启发式算法的动作判断接受部分。进化更新后的动作判断接受部分由算术运算符、代表了先前解和当前解质量的终端值、当前迭代值以及已经完成的迭代次数这四部分所组成。启发式算法选择部分使用了一个奖励回馈机制，该机制会将启发式算法之前的性能表现考虑在内。作者将该机制与动态多臂老虎机机制结合起来使用以确定要使用哪种启发式算法。动态多臂老虎机机制将由奖励回馈机制确定的回馈，以及启发式算法被用来决定选用哪个启发式算法的次数这二者考虑在内。该算法的性能表现很具有竞争力，当用来求解车辆路径规划问题、考试时间表编排问题和 2011 年举办的跨领域启发式算法搜索挑战赛所涉及的几个问题领域中的问题时，该算法优于一些人工设计的超启发式算法。

文献[167]对上述的研究工作进行了扩展，作者使用基因表达式编程算法来生成选择摄动类超启发式算法的启发式算法选择和动作判断接受这两个部分。种群中的每个元素都由两部分组成，一部分表示启发式算法的选择，另一部分表示动作判断接受。每个部分由算术运算符和逻辑运算符组成，这些运算符与终端值组合在一起。启发式算法选择部分的终端集由代表低层次摄动类启发式算法性能表现的不同值所组成，而动作判断接受部分的终端集则由与先前解的质量、当前解的质量、当前的迭代次数和总的迭代次数有关的不同值所组成。为了保持多样性，所生成的选择摄动类超启发式算法维持了一个存储机制，其中包含有高质量且多样化的解，这些解在超启发式算法的整个运行过程中会不断更新。作者使用该算法来求解 2011 年举办的跨领域启发式算法搜索挑战赛所涉及的几个领域中的问题，研究发现，该算法的性能表现优于那些决赛入围作品。

Fontoura 等[62]使用了一个类似的方法，为用于求解蛋白质结构预测问题的选择摄动类超启发式算法来生成启发式算法选择部分和动作判断接受部分，该算法使用了语法进化算法。所生成的启发式算法选择部分由算术运算符所组成，这些算术运算符与表示低层次摄动类启发式算法先前的性能表现的终端值相结合。类似地，所生成的动作判断接受部分由算术运算符和终端值所组成。这些值表示先前解的质量、当前解的质量以及所执行的迭代的次数。研究发现，在 11 个蛋白质结构预测问题实例中的 7 个问题实例上，该算法给出了最佳的结果。

文献[8]使用了一个基于学徒学习的超启发式算法来生成一个选择摄动类超启发式算法，用以解决车辆路径规划问题。这个超启发式算法生成了一组分类器，这个过程是基于一个性能表现优异的选择摄动类超启发式算法，即 2011 年举办的跨领域启发式算法搜索挑战赛中的获胜算法 AdapHH。每个分类器本质上是一个产生式规则，其中动作对应的是将要使用的低层次摄动类启发式算法、动作判断接受标准或者低层次启发式算法的一个参数值，条件则表示搜索的状态。研究发现，在求解车辆路径规划问题时，由基于学徒学习的超启发式算法所生成的选择摄动类超启发式算法优于上述性能表现优异的超启发式算法和其他选择摄动类超启发式算法。

文献[187]也采用了类似的方法，其中超启发式算法使用时延神经网络算法，而非学徒学习算法来生成分类器。神经网络的参数是使用 Taguchi 正交表法来确定的。在该研究中，算法只生成了一个分类器。分类器所用的属性为从一次迭代到下一次迭代时所生成解之间的差异和对应目标函数值之间的差异，类别为将要使用的低层次摄动类启发式算法。因此，在该研究中，算法只生成了选择摄动类超启发式算法的启发式算法选择部分。动作判断接受标准为接受全部的动作。研究发现，所生成的选择摄动类超启发式算法的性能表现优于上述性能表现优异的超启发式算法。

12.5 连 续 优 化

早期的超启发式算法旨在求解离散优化问题，因此大多数的研究都聚焦在这一点上。然而，最近已有研究表明，超启发式算法在求解连续优化问题时也是有效的。本小节对在这一领域所开展的一些研究进行了概述。

对于在前面章节描述过的 Maashi 等[108]所使用的用于对多目标进化算法进行混合的选择摄动类超启发式算法，已有研究证明，该算法在求解连续优化问题时是有效的。类似地，Hong 等[78]所使用的用来为进化规划算法更新进化变异算子的遗传规划生成摄动类超启发式算法，在求解函数优化问题时给出了较好的结果。

Segredo 等[172]使用了一个选择摄动类超启发式算法来对微分进化算法和遗传算法进行组合，以求解关于全局优化的面向泛化能力的竞赛中的问题实例。在这种情况下，低层次摄动类启发式算法为差分进化算法和遗传算法。超启发式算法会根据低层次启发式算法先前的性能表现为其分配分数。超启发式算法会以一定的概率来选择到底是使用性能表现最好的启发式算法还是使用一个随机选择的启发式算法。这个由超启发式算法所创建的混合算法比单独使用的差分进化算法和遗传算法的性能表现都更好。

Walker 和 Keedwell[190]使用了一个选择摄动类超启发式算法来选择一个由低层次摄动类启发式算法构成的序列，以求解多目标连续优化问题。该超启发式算法使用了一个隐马尔可夫模型来确定由低层次摄动类启发式算法构成的序列。研究发现，当用来求解 DTLZ 基准测试数据集中的问题实例时，该超启发式算法的性能表现与现有的算法相比具有竞争优势。

12.6 小　结

本章概述了超启发式算法领域中的一些前沿研究方向。随着该领域的不断发展,本章所列出的关于超启发式算法的前沿研究方向的清单肯定是不完整的。本章已经展示了一些将两种类型的超启发式算法的优点结合起来形成的混合型超启发式算法。尽管在现有的研究中，最多只有两种超启发式算法被组合起来形成混合型超启发式算法，但是这足以说明，将超启发式算法组合起来具有很大的潜力。因此，未来人们应该对包含两种以上的超启发式算法的组合这种更高层次的混合型算法开展研究。此外，人们还需要探究这些混合型超启发式算法性能表现较好的原因，以及如何更好地将不同类型的超启发式算法结合起来，这些可以通过对混合型超启发式算法的理论方面开展研究来实现，例如，算法在搜索空间中的移动、在由启发式算法构成的空间和由解构成的空间中进行的搜索这二者之间的相关性、适应度地形，以及许多其他方面。

目前已经有相当数量的研究工作致力于用超启发式算法来实现机器学习算法和元启发式算法的设计自动化。现有研究已经证明，超启发式算法在实现这一目的时是有效的。超启发式算法需要确定的与设计有关的决策多种多样，从参数的选择、算子及其对应概率的选择、对多种算法的组合，到新算子、规则和算法的生成。通过超启发式算法来实现算法设计的自动化将会减少所需的人工工时，从而使研究人员能够专注于其他方面，例如问题领域。通过超启发式算法来实现算法设计自动化的目的并不是要生成与当前最先进的技术不相上下的求解结果，而是要实现算法设计过程的自动化，这一过程所给出的求解结果至少与人工设计的算法给出的结果一样好。然而，从上一节所提供的概述中可以明显地看出，由自动化算法设计过程所生成的算法优于人工设计的算法。超启发式算法已经采用了多种多样的技术来实现算法设计过程的自动化，其中进化算法是最为流行的。该领域未来的研究方向也应该聚焦于探索哪些技术对哪些与设计有关的决策相匹配是最为合适的。

目前，一个较新的研究领域为超启发式算法的自动化设计，其有效性已在本章对一些研究工作的概述中有所体现。然而，这些研究仅关注了选择摄动类超启发式算法，并且大多数算法的应用场景均为 2011 年举办的跨领域启发式算法搜索挑战赛所涉及的几个问题领域。人们还需要对其余的三种类型的超启发式算法，即选择构造类超启发式算法、生成构造类超启发式算法和生成摄动类超启发式算法的自动化设计开展研究。此外，人们也需要对混合型超启发式算法的自动化设计开展研究。超启发式算法可以被用来生成混合型超启发式算法，此时的低层次启发式算法为超启发式算法。

截止到目前，尽管超启发式算法领域的绝大多数研究工作都专注于利用超启发式算法来求解离散优化问题，但是最近已有研究来探索利用超启发式算法来求解连续优化问题。这些研究工作中的绝大部分都涉及使用超启发式算法来实现算法设计过程的自动化。未来，人们需要对利用四种类型的超启发式算法直接求解连续优化问题，利用多领域通用的超启发式算法来求解连续优化问题和利用多领域通用的超启发式算法来求解连续与离散问题这几种优化问题开展研究。

第 13 章 结论与未来研究方向

近年来，人们利用构造类低层次启发式算法和摄动类低层次启发式算法这两种低层次启发式算法，已经在不同类型的超启发式算法上，即选择类超启发式算法和生成类超启发式算法，取得了一些研究进展。在四种类型的超启发式算法中，与生成类超启发式算法（具体介绍请参阅第 4 章、第 5 章）相比，选择类超启发式算法（具体介绍请参阅第 2 章、第 3 章）受到了更多研究人员的关注。这可能是由于设计开发遗传编程和语法进化算法具有较高的挑战性，而这两种算法是生成类超启发式算法所使用的主要的高层次算法。这些挑战包括算法膨胀问题（即过于复杂），该问题会造成算法的可读性和可解释性较差[14]。因此，在大多数生成类超启发式算法中，新生成的低层次启发式算法很少在新的问题实例或者问题上被重复使用。这对研究人员提出了一些新的挑战，但也为未来的研究工作提供了一些有趣的研究方向。

在超启发式算法领域，人们已经对大量的高层次方法开展了研究。这些高层次方法包括诸如局部搜索算法的单点元启发式算法、诸如进化算法的多点元启发式算法，以及诸如基于案例的推理算法[16,37,40]、选择函数方法[17,52,89,132]、模糊逻辑算法[6-7]、语法进化算法[57,146,164]、遗传规划算法[82,84,96,104,174,193]、马尔可夫链方法[91,92]、蒙特卡罗法[34,168]、规则[4]、简单的随机方法[17,54]，以及这些方法所组成的混合型算法等多种多样的技术。这些算法中的大多数已经在用于求解考试时间表编排问题的选择类超启发式算法和生成类超启发式算法中被研究过了（具体介绍请参阅第 10 章）。对遗传规划算法的研究主要集中在用来求解车辆路径规划问题的生成类超启发式算法（具体介绍请参阅第 7 章），而不是护士排班问题（具体介绍请参阅第 8 章）。在具有不同问题特征的不同问题领域对这些多种多样的技术开展研究，不仅可以取得更多的发现，而且能够支持关于超启发式算法中高层次搜索空间和低层次搜索空间景观的基础性发现（具体介绍请参阅第 6 章）。

目前人们已经使用过各种各样的低层次启发式算法；一些低层次启发式算法是针对特定问题的，而另一些低层次启发式算法则通常被用于不同的应用背景。在摄动类低层次启发式算法中，这些低层次启发式算法可与动作判断接受标准结合在一起。从超启发式算法的通用性和效率方面来看，针对不同问题领域的不同低层次启发式算法的相关研究成果为进一步开展研究提供了扎实的研究基础。例如，人们已经对选择类超启发式算法中具有不同执行速度的多组低层次启发式算法和问题的解发生变化的次数开展了研究，以深入了解这二者对超启发式算法的通用性所发挥的作用。目前有这样一个提议，即人们应该通过特定机制对与超启发式算法通用性相关的低层次启发式算法的一些特征进行分析，以达到自适应性地管理和选择低层次启发式算法，并设计一般的超启发式算法的目的。人们还应该对构造类低层次启发式算法和摄动类低层次启发式算法之间的协同作用开展研究，以进一步提高超启发式算法的效率。

基于文献[151]中对含有构造类低层次启发式算法的选择类超启发式算法的一个定义，本书第 6 章为不同类型的一般超启发式算法提出了一个新的严格的定义。在一般的超启发式算法中存在两个优化问题，每个优化问题分别在两个层次中的一个层次上进行定义，每个层次都对应着一个目标函数，即由问题的解 s 构成的低层次搜索空间对应的目标函数为 $f(s)$，而由启发式算法 h 构成的高层次搜索空间对应的目标函数为 $F(h)$。一个映射函数 M 将这两个搜索空间内的搜索联系起来，即 $M{:}f(s) \rightarrow F(h)$。与适应度地形研究相关的一些基本问题和对搜索空间的特征的分析目前已经被研究讨论过了。对搜索空间的进一步研究和理解可以帮助人们设计开发出更为有效的超启发式算法。在文献[100]中，作者已经开展了一些其他基础性研究，例如，对选择摄动类超启发式算法的运行时间的分析。研究表明，与低层次启发式算法的算子具有固定的概率分布的超启发式算法相比，超启发式算法中的在线强化学习算法并无性能优势。对其他类型的超启发式算法开展此类研究可能会取得更多有趣的发现，从而能在更多的问题上支撑一般的超启发式算法的基础理论。

在近年来关于超启发式算法的研究工作中，人们已经对各种各样的应用场景开展了研究，包括第 7 章中的车辆路径规划问题、第 8 章中的护士排班问题、第 9 章中的装箱问题、第 10 章中的考试时间表编排问题，以及现实世界中的组合优化问题[30]等。这为超启发式算法提供了一个很好的多样化代表性应用。与其他应用场景相比，利用生成类超启发式算法来求解装箱问题相关的研究成果相对较多。在撰写本书时，利用生成类超启发式算法来求解护士排班问题相关的研究还比较匮乏，这是因为与其他应用场景相比，护士排班问题会涉及更多类型的约束。对于本书中讨论的所有应用场景，现有文献中都已有较为完善的基准测试数据集。因此，科研人员可以开展比较研究，以取得一些对于超启发式算法和元启发式算法这两个研究领域的人员来说都有趣的发现。

尽管超启发式算法旨在提高搜索算法在求解不同问题和实例时的通用性，但是在现有文献中，绝大多数的超启发式算法都是在单个问题领域上完成了测试，其中有些超启发式算法是在几个特定的问题领域上完成了测试，并且每个超启发式算法都是针对特定的目标函数分别进行评估。超启发式算法的通用性目前尚未在不同的问题领域上按照特定或者统一的标准进行度量。在最近的一项研究中，作者在评估超启发式算法的通用性时[147]，初步尝试针对四种不同层次的通用性来建立度量标准，作者将这些度量标准与针对不同问题的特定评价标准来作比较。在未来超启发式算法的发展中，更多此类的度量标准将会有力支撑那些为多种多样的组合优化问题设计通用求解算法的研究工作。

自从该领域诞生以来，超启发式算法研究领域目前已经取得了很多进展。其中一个领域即为混合型超启发式算法（具体介绍请参阅 12.2 节）。虽然人们目前已经对混合型超启发式算法开展了一些初步研究，但还需要对该领域开展进一步的研究，例如，如何对两种以上的超启发式算法进行组合。超启发式算法目前已经被成功用于实现算法设计的自动化（具体介绍请参阅 12.3 节）。通过超启发式算法来自动制定的与设计有关的决策多种多样，从参数调整到创建新的算子。一个新兴的研究领域为超启发式算法的自动化设计，它有助于减少超启发式算法设计开发中所需要消耗的人工工时[125]。绝大多数的超启发式算法研究工作都集中在求解离散优化问题上；然而，近年来人们也已经将超启发式算法扩展到了求解连续优化问题上（具体介绍请参阅 12.5 节）。其他的新兴研究领域包括使用超启发式算法求解多目标优化问题[108]和动态优化问题[95]。

在超启发式算法中，针对当前所考虑的问题的低层次启发式算法可以考虑使用针对问题领域的特定知识，同时与高层次搜索问题保持独立。也就是说，一般的搜索是在较高层次来处理的，与特定问题的约束和解结构等这些细节是无关的。在现有的研究工作中，约束处理都是在较低的层次上由解构成的空间中进行的，要么通过丢弃掉所构建的或所生成的不可行解，要么通过使用只对可行解进行探索的定向算子。对有效的约束处理技术，以及这些技术对两个搜索空间连通性的影响开展研究，可以提高超启发式算法在求解极其复杂和受到严格约束的优化问题时的性能表现。

在超启发式算法中，在线学习算法和离线学习算法这二者都已经被用来提高超启发式算法在搜索低层次启发式算法时的效率。这包括通过人工神经网络[4]对规则进行离线学习以构建护士排班问题的解，以及在基于案例的推理系统中学习和存储构造类启发式算法以在不同的阶段构建时间表[37]。在线学习往往是通过基于生成的解自适应地调整低层次启发式算法的奖励或分数来进行的。这样的例子包括选择函数法[89]和强化学习算法[113,132]。然而，对于超启发式算法中不同类型的学习算法，目前的研究还不多。像这种使用诸如机器学习算法等的研究工作，可以开辟新的研究方向，并进一步提高超启发式算法的通用性。例如，在文献[103]中，作者对人工神经网络进行离线训练，以找出那些潜在的护士排班问题的高质量解。当求解新的问题实例时，只有那些潜在的高质量值班方案才会被选择和评估，以减少对所有排班方案进行评估所需花费的大量计算时间，这些时间是没有必要花费的。这种机制在求解极其复杂和受到严格约束的优化问题时是非常有效的，而超启发式算法正是这种情况，他需要花费大量的计算时间对在低层次所生成的解进行评价。在未来的研究中，机器学习领域的其他一些现有研究，例如对进化算法中的适应度进行估计[86]，也可以在超启发式算法中进行尝试。

附录 A
HyFlex 与 EvoHyp

近年来，随着人们在提高超启发式搜索算法对不同领域问题的泛化能力方面不断取得新的研究进展，相关的软件框架和工具箱已被设计开发出来，文献中也已出现关于这些软件框架和工具箱的报道。在本书中，附录 A 对一个广泛使用的软件框架 HyFlex 和一个软件工具箱 EvoHyp 进行了详细的介绍。这两个软件套装都是开源的，可以免费使用，并且可以用来设计开发超启发式算法。

HyFlex 是一个软件框架，研究人员和从业人员可以利用这个软件框架来实现超启发式算法。该软件框架提供了通用的软件接口及针对具体问题的构件，这些接口和构件主要被用来设计开发跨领域的通用的搜索算法。HyFlex 应用广泛，目前已被用来求解护士排班问题（详细介绍请参阅第 8 章）、车辆路径规划问题（详细介绍请参阅第 7 章）和跨越多个领域的问题（详细介绍请参阅第 11 章）。关于 HyFlex 的详细介绍请参阅附录 A.1。

HyFlex 提供了一个软件框架来帮助用户实现选择摄动类超启发式算法，从而完成对这六类问题的求解，而 EvoHyp 提供了一个软件工具箱，该工具箱可以用来开发进化算法超启发式算法，从而完成对问题的求解。问题领域必须由用户来实现。EvoHyp 允许用户实现遗传算法选择构造类超启发式算法、遗传算法选择摄动类超启发式算法和遗传算法生成构造类超启发式算法，从而实现对特定问题的求解。对于刚才提到的每一种超启发式算法，EvoHyp 还提供了其分布式运行的版本。附录 A.2 对 EvoHyp 进行了概述。

A.1 HyFlex

在 2011 年的跨领域启发式算法搜索挑战赛（CHeSC 2011）中[29,126]，超启发式算法研究领域的参赛选手被要求在一个名为 HyFlex 的软件框架中设计开发通用的超启发式算法，以求解以下六种离散的组合优化问题。软件框架 HyFlex 采用 Java 编程语言实现。对于每一个问题领域，赛事组织方提供了 10 个训练问题实例，这 10 个训练问题实例是从不同来源处的基准测试数据集中得到的。

布尔可满足性问题：在这个最大化可满足性（MAX-SAT）问题中，需要确定如何为表达中的各个布尔变量分配适当的逻辑值，以使得整个布尔表达式的值为“真”。10 个训练问题实例是从 MaxSat Evaluation 基准测试数据集和两个 SAT 竞赛中得到的，这 10 个训练问题实例含有 250～744 个变量。

一维装箱问题：对于经典的一维装箱问题（详细介绍请参阅附录 B.1），挑战赛中选用了另外一种适应度函数。10 个训练问题实例是从专注于切割和装箱问题的特别兴趣研究小组所创建的基准测试数据集中得到的，这 10 个训练问题实例含有 160 ~ 5000 件物品和若干箱子，箱子的容量范围从 150 ~ 1000 不等。

置换流水车间调度问题：在置换流水车间调度问题中，需要调度大量的给定工件在若干台机器上进行流水加工，该加工过程受到加工顺序的约束，即加工过程是在预先确定好先后顺序的一系列机器上完成的。目标通常是使得最大完工时间（最后一个被完成的任务对应的完工时间）实现最小化。软件框架 HyFlex 中的 10 个训练问题实例是从流水车间调度问题的基准测试数据集得到的，这 10 个训练问题实例含有 100 或者 200 个工件任务，含有 10 或者 20 台机器。

人员调度问题：在世界范围内，医院病房里的人员调度问题通常涉及大量的约束（详细介绍请参阅附录 B.2）。在软件框架 HyFlex 中，问题实例是从文献[83]和员工排班基准测试数据集中得到的。问题实例涉及在 26～42 天的时间范围内对 12～51 名员工进行调度，以完成 3～12 次轮班。

旅行商问题：旅行商问题是组合优化问题中被研究的最多的问题之一。目前，在软件框架 HyFlex 中所使用的基准案例来源于 TSPLIB[158]，基准案例的规模从 299 个城市至 13,509 个城市不等。

车辆路径规划问题：赛事组织方根据 Solomon 数据集与 Gehring 和 Homberger 数据集（详细介绍请参阅附录 B.3），准备了 10 个具有容量限制和时间窗的车辆路径规划问题训练实例。这些训练问题实例含有 20 或者 250 台车辆，每台车的容量为 200 或者 1000，客户共有 1000 个，分为三种类型，包括位置随机分布的客户、聚类成组的客户、随机聚类的客户。

在 HyFlex 软件框架中，针对具体问题的构件包括四类低层次的摄动类启发式算法和以上六类组合优化问题的问题实例。这四类摄动类启发式算法是：

① 变异的启发式算法。等同于摄动类启发式算法及其算子，这类算法会根据评价函数的收益对解变量进行细小的调整。这类启发式算法所采用的操作包括交换解中的两个部分，改变解中的某个部分，增加或者删除解的某些部分。

② 毁坏-重建类启发式算法。这种毁坏-重建类启发式算法会对解中一定比例的变量随机地重新赋值，也就是说，去除解中部分变量，然后采用针对具体问题的低层次构造类启发式算法重新构造解。

③ 局部搜索启发式算法。这类基于爬山法的启发式算法会循环往复地对一个解中随机选中的变量进行细小的调整。动作判断接受标准就是首次提升原则，即在领域内对解一一进行评价其适应度，一旦发现比当前解更优或者相同质量的邻居解，就将首次找到的这个解作为所接受的解。

④ 交叉算法。这些标准的单点或者双点交叉算子被用到两个所选中的解上，以生成单一的后代。

软件框架 HyFlex 是利用多种多样的通用机制和针对具体问题的构件开发出来的，用来设计开发选择摄动类超启发式算法。这些通用机制包括创建一个初始解的方法、计算适应度的方法，适应度也即是目标函数值。关于这些机制的细节在第 11 章中有详细描述。在 2014 年的跨领域启发式算法搜索挑战赛（CHeSC 2014）中，竞赛组织方将软件框架 HyFlex 进行了扩展，以实现带有多线程策略的分批处理。

第 11 章对 2011 年跨领域启发式算法搜索挑战赛中获胜的方法进行了分析。感兴趣的读者可以在跨领域启发式算法搜索挑战赛的官方网站上获取有关竞赛结果、竞赛资源和文献资料的更多细节。

A.2 EvoHyp

EvoHyp 是一个用来实现进化算法超启发式算法的 Java 语言软件工具箱。软件工具箱 EvoHyp 提供了 4 个库，包括 GenAlg、GenProg、DistrGenAlg 和 Distr GenProg[145]。下面给出了对这些库的概述。

A.2.1 GenAlg

库 GenAlg 实现了一个含多代种群的遗传算法，以此来创建一个遗传算法选择类超启发式算法。超启发式算法可以是选择构造类的，也可以是选择摄动类的。对于选择构造类超启发式算法这种情况，启发式算法的组合被用来创建一个问题的初始解；对于选择摄动类超启发式算法这种情况，启发式算法的组合被用来对初始解进行改进。锦标赛选择方法被用来对父代个体进行选择，在这些被选中的父代个体上应用变异算子和交叉算子，以此来创建每一代种群的子代个体。当进化代数达到所设置的最大值时，遗传算法会终止循环过程。

在库 GenAlg 中，用户需要：

① 指定参数的值，例如，对于遗传算法，用户需要设置种群的规模大小和进化代数的数量。

② 指定用来表示低层次的启发式算法的字符。

③ 从以下几方面来定义问题领域：

（1）低层次启发式算法的实现。

（2）能够应用由超启发式算法所生成的启发式算法的组合，并且计算该启发式算法组合的适应度值。

（3）能够判断确定一种启发式算法组合是否比另一种启发式算法组合具有更高的适应度。

A.2.2　GenProg

库 GenProg 利用一个遗传规划算法来创建新的低层次启发式算法。这些启发式算法可以是一个算术函数或者一个算术规则。对于算术函数这种情况，超启发式算法将算术运算符与表示问题领域特征的字符结合起来，以此来创建新的启发式算法。这些问题领域的特征可以是现有的低层次启发式算法，也可以是现有的低层次启发式算法的组成部分。对于算术规则这种情况，超启发式算法不仅将问题领域特征与算术运算符结合起来，而且将问题领域特征与 if-then-else 算子结合起来。种群中的每一个元素都是一个语法分析树，该语法分析树表示一个算术函数或者算术规则。增长方法[96]被用来创建初始种群。进化方法被用来在若干代进化过程中对初始种群进行更新进化。与在库 GenAlg 中的情况类似，作为问题领域实现的一部分，用户需要提供一个函数来计算种群中每一个语法分析树的适应度。锦标赛选择方法被用来对父代个体进行选择，在这些被选中的父代个体上应用变异算子和交叉算子，以此来创建每一代种群。当进化代数达到所设置的最大值时，算法会终止循环过程。在库 GenProg 中，用户需要：

① 指定遗传规划算法的参数值。

② 指定用来表示问题特征的字符。

③ 从以下几方面来定义问题领域：

（1）能够使用算术函数或者算术规则来创建问题的一个解的方法。该方法必须能够根据其给出的解来计算算术函数或者算术规则的适应度值。

（2）对于给定的两种算术函数或者算术规则，能够判断确定哪一种算术函数或者算术规则具有更高的适应度。

A.2.3 分布式的 GenAlg 和 GenProg

软件工具箱 EvoHyp 中含有用来实现分布式版本的 GenAlg 和 GenProg 的库，分别为 DistrGenAlg 和 DistrGenProg。这些库的目的是帮助减少编程实现这些进化算法超启发式算法所消耗的时间。库 DistrGenAlg 将遗传算法的实现分布在多核架构上。与之类似，DistrGenProg 将遗传规划算法的实现分布在多核架构上。这两种情况中的分布式都是通过将种群的规模大小按照可用的内核个数划分为 n 个子种群来实现的。在初始种群的生成和遗传算子的应用过程中，每一个子种群都是在不同的内核上被创建和被评价的。

A.2.4 如何获取软件工具箱 EvoHyp

可以按照链接的说明来获取软件工具箱 EvoHyp。软件工具箱 EvoHyp 目前有两个版本，一个是版本 1.0，另一个是版本 1.1. 两个版本的差别在于，版本 1.1 会将每一代中性能表现最优的启发式算法组合或者启发式算法所创建的解显示出来，而版本 1.0 不会提供这样的一些细节。

附录 B 组合优化问题及其基准测试数据集

在超启发式算法的研究中，运筹学研究最多的一些组合优化问题被用来验证这些超启发式算法的泛化性能。本小节描述了这些组合优化问题的定义、问题模型和问题约束。人们也可以在某些网站上找到这些组合优化问题的详细介绍，因此，这些网站也可充当组合优化问题的基准测试数据集的汇集地。这些基准测试数据集可以用来对人工智能与优化相关领域研究中的超启发式算法和元启发式算法进行科学对比与分析。

B.1 装箱问题

装箱问题本质上是将若干项物品装入若干箱子或者容器中，以使得所需要的箱子或者容器的数量最少[13]。这些装箱问题可以是一维、二维，或者三维的。

B.1.1 一维装箱问题

在一维装箱问题中，人们需要将若干项不同尺寸大小的物品放入若干个箱子中，以满足下列条件：

① 每个箱子中所装的物品的总体积不能超过该箱子的容量。

② 将全部物品都装入箱子中所需要的箱子数量最少。

定义 B.1 给出了一维装箱问题的一个严格定义。

定义 B.1：给定一个由容量为 C 的箱子构成的集合，一个由 n 项不同尺寸大小的物品构成的集合 $S = s_1, s_2, \cdots, s_n$。要求用最少数量 m 个箱子将 n 项物品全部装入箱内，装箱方案同时还要满足容量约束，也就是说，每个箱子中所装的物品的总体积 f_i 不能超过该箱子的容量，即 $f_i \leqslant C$，对任意 $i = 1, 2, \cdots, m$ 都成立。

该问题有两种版本，一种是离线版本，一种是在线版本。在该问题的离线版本中，每项物品的尺寸大小在装箱前都是已知的，而在该问题的在线版本中，只有在装箱时才知道每项物品的尺寸大小[59,171]。在该问题的大多数版本中，每个箱子的容量 C 都是相同的；在该问题的某些版本中，每个箱子的容量 C 是不相同的。

B.1.2 二维装箱问题

二维装箱问题是一维装箱问题的一个变体问题。在二维装箱问题中，每个箱子的尺寸大小并不是从箱子容量的角度来定义的，而是从每个箱子的宽度和高度这两个角度来定义的。并且，每项要被装入箱子中的物品都是从宽度和高度这两个角度来说明的。二维装箱问题的目标是将若干项物品放入若干个箱子中，以满足下列条件：

① 每个箱子中所装物品的总尺寸大小不能超过该箱子的尺寸大小。

② 每个箱子中所装的物品之间不能相互重叠。

③ 将全部物品都装入箱子中所需要的箱子数量最少。

定义 B.2 给出了二维装箱问题的一个严格定义。

定义 B.2：在二维装箱问题中，要求用最少数量 m 个箱子将 n 项物品全部装入箱内，这 n 项物品的宽度分别为 $W = w_1, w_2, \cdots, w_n$，这 n 项物品的高度分别为 $H = h_1, h_2, \cdots, h_n$。装箱方案同时还要满足两个约束条件，一个约束条件是每个箱子中所装的物品的总尺寸大小 $f_i \leqslant C$（$i = 1, 2, \cdots, m$）不能超过该箱子的尺寸大小；另一个约束条件是每个箱子中所装的物品之间不能相互重叠。

二维装箱问题存在诸多变体问题，例如，不带旋转的矩形装箱问题[13]、二维不规则装箱问题[105]和二维条带装箱问题[82]。

B.1.3 三维装箱问题

三维装箱问题是二维装箱问题的一个扩展问题。在三维装箱问题中，每个箱子的尺寸大小是从每个箱子的宽度、高度和深度这三个角度来定义的。与此相似，每项要被装入箱子中的物品的尺寸大小也是从宽度、高度和深度这三个角度来进行描述的。这些物品必须被装入若干个箱子中，并满足下列条件：

① 每个箱子中所装的物品的总尺寸大小不能超过该箱子的尺寸大小，即该箱子的宽度、高度和深度。

② 每个箱子中所装的物品之间不能相互重叠。

③ 将全部物品都装入箱子中所需要的箱子数量最少。

定义 B.3 给出了三维装箱问题的一个严格定义。

定义 B.3： 在三维装箱问题中，要求用最少数量 m 个箱子将 n 项物品全部装入箱内，这 n 项物品的宽度分别为 $W = w_1, w_2, \cdots, w_n$，这 n 项物品的高度分别为 $H = h_1, h_2, \cdots, h_n$，这 n 项物品的深度分别为 $D = d_1, d_2, \cdots, d_n$。装箱方案同时还要满足两个约束条件，一个约束条件是每个箱子中所装的物品的总尺寸大小 $f_i \leqslant C$，$i = 1, 2, \cdots, m$ 不能超过该箱子的宽度、高度和深度；另一个约束条件是每个箱子中所装的物品之间不能相互重叠。

与二维装箱问题的情况类似，根据对物品进行装箱的样式要求不同，三维装箱问题也存在变体问题[109]。

B.1.4 装箱问题的基准测试数据集

目前，针对一维在线装箱问题、二维装箱问题和三维装箱问题的基准测试数据集主要用在一些具体的研究中，并且，很多研究人员将生成这种基准测试数据集作为研究工作的一部分。但是，对于一维装箱问题，存在两个被广泛使用的基准测试数据集，即 Falkenauer 基准测试数据集[59]和 Scholl 基准测试数据集[171]。这两个基准测试数据集都是针对离线版本的装箱问题的。

Falkenauer 基准测试数据集包含两类问题，即均匀分布类问题和三元组类问题。在均匀分布类问题中，每个问题实例都要求将尺寸大小在 20 ~ 100 范围内均匀分布的若干项物品装入容量为 150 的若干个箱子中。在三元组类问题中的每个问题实例都要求将尺寸大小在 25～50 范围内的若干项物品装入容量为 100 的若干个箱子中。

Scholl 基准测试数据集包含三个数据集，即 dataset 1、dataset2 和 dataset 3。这三个数据集分别含有 720、480 和 10 个问题实例。数据集 dataset 3 中含有难度较大的问题实例。构成每个集合的数据集和问题实例在两个方面有所不同，一个方面是要被装入箱子中的物品尺寸大小的变化范围，另一个方面是箱子的容量。

B.2 护士排班问题

定义 B.4： 护士排班问题就是创建排班方案，也就是在一个调度周期 D_d 内，将若干个掌握不同技能的护士 N_n 分配到若干个不同类型的班次 S_s 上，同时，排班方案需要满足若干个约束条件 C_c。护士排班问题的目标就是使得所生成的排班方案违反约束条件 C_c 的程度最小。

由于不同国家的法律多种多样，在护士排班问题相关的文献中已经出现了大量的各种各样的硬约束和软约束。硬约束是指那些必须被满足的约束。那些可以被违反的不同约束和要求被称为软约束。对软约束的违反程度通常被用来度量排班方案的质量，并被用作评价函数。护士排班问题的目标就是使得所生成的排班方案违反软约束条件的程度最小，并且完全满足硬约束条件。表 B.1 中给出了护士排班问题中所使用的硬约束和软约束的一些例子。

表 B.1 护士排班问题中所使用的硬约束和软约束的一些例子

硬约束
在调度期间所有的班次都必须被分配 每一位护士每天最多完成一个班次
软约束
在调度期间所分配的班次的最大数量/最小数量 在调度期间连续工作天数的最大值/最小值 在调度期间空闲天数/周末的最大值/最小值 在调度期间两个班次之间的空闲天数的最大值/最小值 个人偏好

在过去的 50 年中，随着对护士排班问题的相关研究不断增多，已经出现了几个基准测试数据集，这些基准测试数据集主要用来实现对比研究。这些基准测试数据集中已经包含了一些护士排班问题最为常见的约束条件。

B.2.1 2010 年护士排班问题国际竞赛

2010 年护士排班问题国际竞赛[76]的目的是，通过引入具有更高复杂度的问题模型，来弥合理论与实践应用之间的鸿沟。在现有的研究进展基础之上，2010 年护士排班问题国际竞赛已经推动了护士排班问题相关的研究中一系列新方法的发展。

排班周期包含有四个星期，每天有四个或者五个班次。竞赛问题中的两个硬约束在表 B.1 中已有描述。每位护士手中都有一份合同，该合同写明了法律约束，这些法律约束在表 B.1 中已有描述[76,17]。

对于同一个问题模型，三组问题实例，即短程、中距离和长距离，具有不同的计算时间（秒、分和小时）以及不同的问题规模大小，以此来反映实际中护士所面临的各种不同的挑战。所有的问题实例都是以可扩展标记语言 XML

和文本的形式来提供的，赛事组织方同时还给出了在不同的计算机和计算平台上求解这些问题实例的基准计算时间。竞赛网站上提供了问题相关的数据和竞赛规则。

B.2.2　护士排班问题的英国基准测试数据集

对于护士排班问题，早期的一个基准测试数据集包含有 52 个问题实例，这些问题实例是从英国一个主要的医院的 3 个病房得到的[4]。在这些问题实例中，20～30 名护士需要被分配到两种班次类型上，即白班（早班和晚班）和夜班。医院与三种职位等级的护士签订了工作合同。合同规定，在一周的时间内，每位护士要么值白班，要么值夜班，但不能既值白班又值夜班。护士排班问题的目的是生成每周次的排班时间表，并且未能实现的班次需求和不受欢迎的班次在排班时间表中均匀分布。

为了求解这一受到诸多约束的问题，研究人员使用护士对值班班次多种多样的偏好和将值班班次分配给各个护士的历史排班方案，创建了 411 个针对白班和夜班的有效的周次值班模式，每个模式都对应一个代价。因此，护士排班问题的复杂性是以这些模式的形式进行描述的，对于护士来说，每个值班模式的受欢迎程度是通过代价值来表示的。在文献中，多种多样的超启发式算法（详细介绍请参阅第 8 章）和元启发式算法都使用这些有效的被预处理过的值班模式来创建每周次的排班计划。

B.2.3　护士排班问题的英国诺丁汉市基准测试数据集

目前，英国诺丁汉大学已经建立起一个针对护士排班问题的基准测试数据集网站，用以收集和维护世界范围内各种各样的护士排班问题。目前，该网站中的护士排班问题涉及的国家包括比利时、加拿大、芬兰、日本、荷兰和英国等。在该网站中，护士排班问题的描述是以可扩展标记语言 XML 的形式提供的，以便对问题特征以及复杂且多样的约束条件进行灵活描述。该网站还提供了文献报道中护士排班问题目前已获得的质量最高的解，同时还提供了该解对应的下界值，并且，这个解还会随着新的研究文献的增多而及时更新。

对于含有高度复杂约束的护士排班问题，将这样的问题实例及其对应的解以一个统一的形式收集存储起来，这对促进超启发式算法、元启发式算法和优化算法的相关研究是有益的。

B.3 车辆路径规划问题

最基本的车辆路径规划问题就是对若干个环形的行车路线$R_1,R_2,\cdots,R_m$进行调度，这些环形的行车路线的起点和终点都在同一个场站v_0，车辆$k_1,k_2,\cdots,k_m$分别沿着环形的行车路线$R_1,R_2,\cdots,R_m$行驶，以完成一系列的任务$v_1,v_2,\cdots,v_n$（顾客的地址），这些任务是按照先后顺序进行排列的。车辆路径规划问题的目标是使得所有的行车路线的总长度R_r达到最小。在某些问题中，车辆的数量也要实现最小化。定义B.5给出了车辆路径规划问题的一个定义。

定义B.5：最基本的车辆路径规划问题通常被建模为一个网络$G=(V,A)$，在该网络中，$V=\{v_0,v_1,\cdots,v_n\}$表示由网络的节点构成的集合，其中，v_0表示场站，$v_1,v_2,\cdots,v_n$表示顾客的地址，$A=\{(v_i,v_j),v_i,v_j\in V,i\neq j\}$表示连接任务与客户$v_i$和$v_j$的边构成的集合，每个边$(v_i,v_j)$都对应一个代价（距离）$d_{i,j}$。

文献[97,186]中，人们已经定义并研究了车辆路径规划问题的大量变体问题，以对不同的算法和技术进行评价。被研究最多的变体问题包含以下特征和约束条件：

带时间窗约束的车辆路径规划问题（VRPTW）[22]：每一个客户任务$v_1,v_2,\cdots,v_n$都对应一个时间窗(a_i,d_i)，a_i和d_i分别表示到达客户的时间和离开客户的时间，要求必须在该时间窗内完成客户任务v_i。

带容量约束的车辆路径规划问题（CVRP）[68]：每一台车辆$k_1,k_2,\cdots,k_m$都对应一个特定的容量$c_1,c_2,\cdots,c_m$，当每条路线$R_1,R_2,\cdots,R_m$上服务所有的客户时，车辆必须满足该容量约束。

不同客户任务的车辆路径规划问题（VRPPD）：客户任务可能是一边揽收一边配送。根据任务类型的不同，车辆的剩余容量也有所不同。

开放式车辆路径规划问题（OVRP）：在该问题中，车辆可能不需要返回到场站。每一条行车路线$R_1,R_2,\cdots,R_m$的起点都在同一个场站v_0，但终点不一定是v_0。

含动态客户需求的车辆路径规划问题（DVRP）[136,170,159]：新的客户任务v_i可能在一个时间区间[0，T]内到达，并在车辆调度周期内被添加到车辆路径规划问题中。该问题的目标是使得被拒绝的客户任务的数量最小。

人们可以将车辆路径规划问题的这些变体问题进行组合，或者进行扩展，以形成新的车辆路径规划问题的变体问题，这些新的变体问题可能含有多种约束和额外的一些特征（例如不确定性）。由于带有时间窗约束和容量约束的车辆路径规划问题在现实世界的应用中经常出现，因此，该问题是被研究得最多的变体问题之一。

◢ B.3.1 车辆路径规划问题的基准测试数据集

长年累月下来，人们已经创建了很多的数据集，来为元启发式算法和进化计算领域的研究提供基准测试条件[97,186,68,22,72]。除了问题的规模大小之外，人们已经从约束条件和问题特征的多个不同方面对车辆路径规划问题进行了研究，形成了多种多样的车辆路径规划问题实例，这些问题实例可以用来对算法和技术的鲁棒性进行评价。表 B.2 给出了对基准测试数据集的特征的一个总结，这些基准测试数据集在本书所讨论的超启发式算法中均被用到。这也是在元启发式算法和进化计算研究领域中被使用得最多也最具有代表性的一些基准测试数据集。

表 B.2 车辆路径规划问题的基准测试数据集

数据集	问题特征
Christofides Beasley[47]	7 个带容量约束的车辆路径规划问题实例，客户数为 50～200，在笛卡儿坐标系下这些客户是随机分布 R 的或者集聚成簇 C 的
Solomon[176]	56 个带有时间窗约束和容量约束的车辆路径规划问题实例，客户数为 100 个，问题共分为 6 类，这 6 类是根据时间窗的宽窄不同、调度时间范围的长短以及客户的三种类型（客户分布比较随机、客户分布比较集中和既有集中分布的客户也有随机分布的客户）来划分的。车辆的数量为 7～19 台。车辆路径规划问题的目标是使得所需车辆的数量和车辆行驶的总距离达到最小
Fisher[61]	12 个车辆路径规划问题实例，客户数为 25～199，大部分客户都是围绕场站集中分布，车辆的数量为 3～16 台，每台车的容量均相同
Homberger-Gehring[77]	既包含 Solomon 数据集中的 56 个带有时间窗约束和容量约束的车辆路径规划问题实例，还包含 5 组问题实例。每一组含有 60 个带有时间窗约束的车辆路径规划问题实例。客户数为 200、400、600、800 和 1000，客户分为三种类型，包括客户分布比较随机、客户分布比较集中和既有集中分布的客户也有随机分布的客户。车辆路径规划问题的目标是使得所需车辆的数量和车辆行驶的总距离达到最小
CHeSC2011	从 Solomon 数据集和 Homberger-Gehring 数据集中分别抽取出 5 个带有时间窗约束和容量约束的车辆路径规划问题实例。客户数为 100 或者 250，客户分为三种类型，包括客户分布比较随机、客户分布比较集中和既有集中分布的客户也有随机分布的客户。车辆的数量为 20 台或者 250 台，每台车的容量为 200 或者 1000（详细介绍请参阅附录 A.1 和第 11 章）。在 SINTEF 交通优化门户网站 https://www.sintef.no/vrptw 也可以获取该数据集
Saint-Guillain[170]	该数据集共含有 5 类问题，每一类问题含有 15 个含时间窗约束和动态的客户需求的车辆路径规划问题实例，每个问题实例具有 100 个随机客户，将这些客户根据动态变化的程度（动态的客户需求所占的比重）从低到高进行分类。对于调度时间范围内的三个阶段，在每一类问题中，较早的客户需求或者较晚的客户需求的概率分布是不同的

B.4 考试时间表编排问题

定义 B.6: 考试时间表编排问题可以定义为需要将若干个考试 $E=\{e_1,e_2,\cdots,e_e\}$ 分配到有限个按顺序排列的时间空档（时间区间）$T=\{t_1,t_2,\cdots,t_t\}$ 中，同时将这些考试分配到时间 t 对应的若干个具有一定容量 $C=\{C_1,C_2,\cdots,C_t\}$ 的考场中，分配过程需要满足若干个约束条件[153]。

从时间表编排问题的相关文献可以看出，时间表编排问题的复杂性来源于不同的机构中多种多样的约束条件。一般来说，时间表编排问题中的约束可以分为两种类型：

一种为硬约束。硬约束在任何条件下都不能被违反。一个满足所有硬约束的时间表编排方案被称为是可行的。

另一种为软约束。软约束是人们希望能够满足的约束条件，但是，当我们无法同时满足所有的软约束时，软约束也可以被违反。在约束的类型和约束的重要性这两个方面，不同机构之间的软约束千差万别[153]。时间表编排方案的质量通常是使用该时间表编排方案违反软约束的程度来度量的。

由于文献中所研究的考试时间表编排问题的形式多种多样，因此将所有的硬约束和软约束罗列形成一个完整的清单不仅不切合实际，也毫无益处。在过去的 50 年中，文献中已经出现了一些用于基准测试的考试时间表编排问题[153]。表 B.3 罗列出了一些重要的硬约束和软约束。文献[153]中给出了硬约束和软约束的一个详细的清单列表。

表 B.3　考试时间表编排问题中常见的硬约束和软约束的例子

硬约束	定义
冲突：如果有若干个学员同时参加参加若干个考试，那么不能将这几个考试分配到同一时间空档里	如果有 D_{ij} 个学生既参加考试 e_i，也参加考试 e_j，并且考试 e_i 和考试 e_j 分别被分配到了时间空档 t_i 和 t_j，那么，t_i 和 t_j 不相等，这一结论对于 $\forall e_i,e_j\in E,e_i\neq e_j,D_{ij}>0$ 都成立
容量：考场的总容量应该能够足以容纳下被安排到时间空档 t 的所有考试对应的学生	对于被安排到时间空档 t 的所有考试 e_i，已知时间空档 t 对应的总容量为 C_t，每个考试 e_i 有 s_i 个学生参加，那么 $\sum_{e_i\in E}s_i\leqslant C_t,t_i=t,t\in T$
软约束	
将冲突的考试尽可能地散布在整个时间范围 T 内 将所有参与人数较多的考试尽可能早地安排好	

B.4.1　考试时间表编排问题的基准测试数据集

多伦多数据集是在文献[43]中被首次引入的，并且在过去的 30 年里已经被广泛地用来进行算法测试[153]。该数据集由来源于不同机构的 13 个问题实例组成，其中，由于有两个问题实例存在前后矛盾的情况，因此，其余的 11 个问题被研究人员重点研究。文献[153]中给出了关于该数据集（以及由于采用相同的名字来称呼不同的问题实例所导致的使用冲突）的一个详细介绍。该数据集中考试时间表编排问题的约束条件被概括如下：

① **硬约束**：相互冲突的考试（具有相同的考生）不能够被安排在同一个时间空档中。

② **软约束**：将相互冲突的考试分布在整个时间表中。

表 B.4 描述了多伦多数据集中 11 个问题的基本特征。“冲突密度”用以说明在冲突矩阵中取值为 1 的元素 C_{ij} 对应的密度值，其中，如果活动 i 与活动 j 相互冲突，则元素 $C_{ij}=1$，否则的话，元素 $C_{ij}=0$。所生成的时间表对应的惩罚值就是对每位学生对应的代价进行求和，其中，代价 w_i，$i \in \{0,1,2,3,4\}$ 会被加权，权值为含有两个相互冲突的考试的时间空档的数量。

表 B.4　考试时间表编排问题的基准测试数据集的基本特征

问题实例	car91	car92 I	ear 83 I	hec 92 I	kfu 93	lse 91	sta 83 I	tre 92	ute 92	uta 93 I	yok 83 I
考试数量	682	543	190	81	461	381	139	261	184	622	181
时间空档数量	35	32	24	18	20	18	13	23	10	35	21
学生数量	16,925	18,419	1,125	2,823	5,349	2,726	611	4,360	2,750	21,266	941
冲突密度	0.13	0.14	0.27	0.42	0.6	0.6	0.14	0.18	0.8	0.13	0.29

参考文献

1. Aamodt, A., Plaza, E.: Case-based reasoning: Foundational issues, methodological variations, and system approaches. Artificial Intelligence **1**, 39–52 (1994)
2. Abdullah, S., Ahmadi, S., Burke, E., Dror, M.: Investigating Ahuja-Orlin's large neighbourhood search for examination timetabling. OR Spectrum **29**(2), 351–372 (2007)
3. Ahmed, L., Özcan, E., Kheiri, A.: Solving high school timetabling problems worldwide using selection hyper-heuristics. Expert Systems with Applications **42**, 5463–5471 (2015)
4. Aickelin, U., Li, J.: An estimation of distribution algorithm for nurse scheduling. Annals of Operations Research **155**(4), 289–309 (2007)
5. Aron, R., Chana, I., Abraham, A.: A hyper-heuristic approach for resource provisioning-based scheduling in gird environment. Journal of Supercomputing **71**, 1427–1450 (2015)
6. Asmuni, H., Burke, E., Garibaldi, J.: Fuzzy multiple ordering criteria for examination timetabling. In: Burke E.K. and Trick M. (eds.) Selected Papers from the 5th International Conference on the Practice and Theory of Automated Timetabling, pp. 334–353. Lecture Notes in Computer Science 3616 (2005)
7. Asmuni, H., Burke, E., Garibaldi, J., McCollum, B., Parkes, A.: An investigation of fuzzy multiple heuristic orderings in the construction of university examination timetables. Computers & Operations Research **36**(4), 4981–1001 (2009)
8. Asta, S., Özcan, E.: An apprenticeship learning hyper-heuristic for vehicle routing in Hyflex pp. 1474–1481 (2014)
9. Asta, S., Özcan, E.: A tensor-based selection hyper-heuristic for cross-domain heuristic search. Information Sciences **299**, 412–432 (2015)
10. Bader-El-Den, M., Poli, R.: Generating SAT local-search heuristics using a GP hyper-heuristic framework. In: Artificial Evolution: International Conference on Artificial Evolution, pp. 37–49. Springer (2008)
11. Bader-El-Den, M., Poli, R., Fatima, S.: Evolving timetabling heuristics using a grammar-based genetic programming hyper-heuristic framework. Memetic Computing **1**, 205–219 (2009)
12. Bai, R., Burke, E., Kendall, G., Li, J., McCollum, B.: A hybrid evolutionary approach to the nurse rostering problem. IEEE Transactions on Evolutionary Computation **14**(4), 580–590 (2011)
13. Bansal, N., Correa, J.R., Kenyon, C., Sviridenko, M.: Bin packing in multiple dimensions: Inapproximability results and approximation schemes. Mathematics of Operations Research **31**(1), 31–49 (2006)

14. Banzhaf, W., Nordin, P., Keller, R.E., Francone, F.D.: Genetic Programming: An Introduction On the Automatic Evolution of Computer Programs and Its Applications. Morgan Kaufmann Publishers (1998)
15. Barros, R.C., Basgalupp, M.P., de Carvalho, A.C., Freitas, A.A.: A hyper-heuristic evolutionary algorithm for automatically designing decision-tree algorithms. In: Proceedings of the 14th Annual Conference on Genetic and Evolutionary Computation (GECCO'12), pp. 1237–1244 (2012)
16. Beddoe, G., Petrovic, S.: Selecting and weighting features using a genetic algorithm in a case-based reasoning approach to personnel rostering. European Journal of Operational Research **175**(2), 649–671 (2006)
17. Bilgin, B., Demeester, P., Misir, M., Vancroonenburg, W., Berghe, G.: One hyper-heuristic approach to two timetabling problems in health care. Journal of Heuristics **18**(3), 401–434 (2012)
18. Bilgin, B., Özcan, E., Korkmaz, E.: An experimental study on hyper-heuristics and exam timetabling. In: Proceedings of the International Conference on the Practice and Theory of Automated Timetabling (PATAT 2006), pp. 394–412 (2006)
19. Blum, C., Roli, A.: Metaheuristics in combinatorial optimization: Overview and conceptual comparison. ACM Computing Surveys **35**(3), 268–308 (2003)
20. Branke, J., Hildebrandt, T., Scholz-Reiter, B.: Hyper-heuristic evolution of dispatching rules: A comparison of rule representations. Evolutionary Computation **23**(2), 249–277 (2015)
21. Branke, J., Nguyen, S., Pickardt, C., Zhang, M.: Automated design of production scheduling heuristics: A review. IEEE Transactions on Evolutionary Computation **20**(1), 110–124 (2016)
22. Bräysy, O., Gendreau, M.: Vehicle routing problem with time windows, part ii: Metaheuristics. Transportation Science **39**, 119–139 (2005)
23. Brucker, P., Burke, E., Curtois, T., Qu, R., Berghe, G.: A shift sequence based approach for nurse scheduling and a new benchmark dataset. Journal of Heuristics **16**(4), 559–573 (2010)
24. Bull, L.: Applications of Learning Classifier Systems, *Studies in Fuzziness and Soft Computing*, vol. 150, chap. Learning Classifier Systems: A Brief Introduction, pp. 1–12. Springer (2004)
25. Burke, E., Bykov, Y., Newall, J., Petrovic, S.: A time-predefined local search approach to exam timetabling problems. IIE Transactions **36**(6), 509–528 (2004)
26. Burke, E., Causmaecker, P.D., Berghe, G., Landeghem, H.: The state of the art of nurse rostering. Journal of Scheduling **7**(6), 441–499 (2004)
27. Burke, E., Dror, M., Petrovic, S., Qu, R.: Hybrid graph heuristics with a hyper-heuristic approach to exam timetabling problems. In: B. Golden, S. Raghavan, E. Wasil (eds.) The Next Wave in Computing, Optimizatin and Decision Technologies - Conference Volume of the 9th Informs Computing Society Conference, 79-91 (2005)
28. Burke, E., Eckersley, A., McCollum, B., Petrovic, S., Qu, R.: Hybrid variable neighbourhood approaches to university exam timetabling. European Journal of Operational Research (206), 46–53 (2015)
29. Burke, E., Gendreau, M., Hyde, M., Kendall, G., McCollum, B., Ochoa, G., Parkes, A.J., Petrovic, S.: The cross-domain heuristic search challenge - an international research competition. In: Springer, Proc. Fifth International Conference on Learning and Intelligent Optimization (LION5), vol. 6683, pp. 631–634. Lecture Notes in Computer Science (2011)
30. Burke, E., Gendreau, M., Hyde, M., Kendall, G., Ochoa, G., Özcan, E.: Hyper-heuristics: A survey of the state of the art. Journal of Operational Research Society **64**, 1695–1724 (2013)
31. Burke, E., Hyde, M., Kendall, G., Ochoa, G., Özcan, E., Woodward, J.: A classification of hyper-heuristic approaches. In: Handbook of metaheuristics, pp. 449–468 (2010)
32. Burke, E., Hyde, M., Kendall, G., Woodward, J.: Automatic heuristic generaiton with genetic programming: Evolving a jack-of-all-trades or a master of one. In: Proceedings of the 9th Annual Conference on Genetic and Evolutionary Computation, vol. 2, pp. 1559–1565 (2007)
33. Burke, E., Hyde, M., Kendall, G., Woodward, J.: A genetic programming hyper-heuristic approach for evolving two dimensional strip packing heuristics. IEEE Transactions on Evolutionary Computation pp. 942–958 (2010)

34. Burke, E., Kendall, G., Misir, M., Özcan, E.: Monte Carlo hyper-heuristics for examination. Annals of Operations Research **196**(1), 73–90 (2012)
35. Burke, E., Kendall, G., Newall, J., Hart, E., Ross, P., Schulenburg, S.: Hyper-heuristics: An emerging direction in modern search technology. In: Handbook of metaheuristics, pp. 457–474 (2009)
36. Burke, E., Kendall, G., Soubeiga, E.: A tabu-search hyperheuristic for timetabling and rostering. Journal of Heuristics **9**, 451–470 (2003)
37. Burke, E., MacCarthy, B., Petrovic, S., Qu, R.: Knowledge discovery in a hyper-heurisitc for course timetabling using case-based reasoning. In: Lecture Notes in Computer Science, vol. 2740, pp. 90–103. Springer (2002)
38. Burke, E., McCollum, B., Meisels, A., Petrovic, S., Qu, R.: A graph-based hyper-heuristic for educational timetabling problems. European Journal of Operational Research **176**, 177–192 (2007)
39. Burke, E., Newall, J.: Solving examination timetabling problems through adaptation of heuristic orderings. Annals of operations Research **129**, 107–134 (2004)
40. Burke, E., Petrovic, S., Qu, R.: Case-based heuristic selection for timetabling problems. Journal of Scheduling **9**(2), 115–132 (2006)
41. Burke, E., Qu, R., Soghier, A.: Adaptive selection of heuristics within a grasp for exam timetabling problems. In: Proceedings of the 4th Multidisciplinary International Scheduling Conference: Theory and Applications (MISTA 2009), pp. 409–423 (2009)
42. Caramia, M., DellOlmo, P., Italiano, G.: New algorithms for examination timetabling. In: Dell' Olmo, Naher, S., Wagner, D. (eds.) Algorithm Engineering., pp. 230–241. Lecture Notes in Computer Science 1982 (2001)
43. Carter, M., Laporte, G., Lee, S.: Examination timetabling: Algorithmic strategies and applications. Journal of Operational Research Society **47**, 373–383 (1996)
44. Causmaecker, P.D., Berghe, G.: A categorization of nurse rostering problems. Journal of Scheduling **14**, 3–16 (2011)
45. Chen, P., Kendall, G., Berghe, G.: An ant based hyper-heuristic for the travelling tournament problem. In: IEEE Symposium on Computational Intelligence in Scheduling (SCIS'07), p. doi: 10.1109/SCIS.2007.367665 (2007)
46. Choong, S.S., Wong, L.P., Lim, C.P.: Automatic design of hyper-heuristic based on reinforcement learning. Information Sciences (2018). DOI doi:10.1016/j.ins.2018.01.005
47. Christofides, N., Beasley, J.: The period routing problem. Networks **14**(2), 237–256 (1984)
48. Clarke, G., Wright, J.: Scheduling of vehicles from a central depot to a number of delivery points. Operations Research **12**(4), 568–581 (1964)
49. Contreras-Bolton, C., Parada, V.: Automatic design of algorithms for optimization problems. In: Proceedings of the 2015 Latin-America Congress on Computaitonal Intelligence (LA-CCI2015) (2015)
50. Cordeau, J., Gendreau, M., Hertz, A., Laporte, G., Sormany, J.: New heuristics for the vehicle routing problem. In: Logistics Systems: Design and Optimization, pp. 279–297 (2005)
51. Cowling, P., Kendall, G., Soubeiga, E.: A hyperheuristic approach to scheduling a sales summit. In: Practice and Theory of Automated Timetabling III, LNCS 2079, pp. 176–190 (2001)
52. Cowling, P., Kendall, G., Soubeiga, E.: Hyper-heuristics: A robust optimization method applied to nurse scheduling pp. 851–860 (2002)
53. C.Y. Chan Fan Xue, W.I., Cheung, C.: A hyper-heuristic inspired by pearl hunting. http://www.asap.cs.nott.ac.uk/external/chesc2011/entries/xue-chesc.pdf (2011)
54. Demeester, P., Bilgin, B., Causmaecker, P.D., Berghe, G.: A hyperheuristic approach to examination timetabling problems benchmarks and a new problem from practice. Journal of Scheduling **15**(1), 83–103 (2012)
55. Drake, J.: Crossover control in selection hyper-heuristics: Case studies using MKP and Hyflex. Ph.D. thesis, School of Computer Science (2014)
56. Drake, J., Hyde, M., Ibrahim, K., Özcan, E.: A genetic programming hyper-heuristic for the multidimensional knapsack problem. Kybernetes **43**(9/10), 1500–1511 (2014)

57. Drake, J., Killis, N., Özcan, E.: Generation of VNS components with grammatical evolution for vehicle routing. In: Proceedings of the 16th European Conference on Genetic Programming (EuroGP'13), pp. 25–36 (2013)
58. Falcao, D., Madureira, A., Pereira, I.: Q-learning based hyper-heuristic for scheduling system self-paramterization. In: Proceedings of the 2015 10th Iberian Conference on Information Systems and Technologies (2015). DOI doi: 10.1109/CISTI.2015.7170394
59. Falkenauer, E.: A hybrid grouping genetic algorithm for bin packing. Journal of Heuristics **2**(1), 5–30 (1996)
60. Ferreira, A., Pozo, A., Gonçalves, R.: An ant colony based hyper-heuristic approach for the set covering problem. Advances in Distributed Computing and Artificial Intelligence Journal (2015)
61. Fisher, M.: Optimal solution of vehicle routing problems using minimum k-trees. Operations Research **42**(4), 626–642 (1994)
62. Fontoura, V.D., Pozo, A.T., Santana, R.: Automated design of hyper-heuristic components to solve the psp problem with hp model. In: Proceedings of the 2017 IEEE Congress on Evolutionary Computation, pp. 1848–1855 (2017)
63. Fukunaga, A.: Automated discovery of local search heuristics for satisfiability testing. Evolutionary Computation **16**(1), 31–61 (2008)
64. Furtuna, R., Curteanu, S., Leon, F.: Multi-objective optimization of a stacked neural network using an evolutionary hyper-heuristic. Applied Soft Computing **12**(1), 133–144 (2012)
65. Garey, M., Johnson, D.: Computers and Intractability: A Guide to the Theory of NP-Completeness. W. H. Freeman & Co., New York, NY, USA (1979)
66. Garrido, P., Riff, M.: Dvrp: a hard dynamic combinatorial optimisation problem tackled by an evolutionary hyper-heuristic. Journal of Heuristics **16**(6), 795–834 (2010)
67. Gaspero, L.D., Schaerf, A.: Tabu search techniques for examination timetabling. In: Burke E.K. and Erben W. (eds.): Selected Papers from the 3rd International Conference on the Practice and Theory of Automated Timetabling, pp. 104–117. Lecture Notes in Computer Science 2079 (2001)
68. Gendreau, M., Laporte, G., Potvin, J.Y.: Chapter 6. metaheuristics for the capacitated VRP, year = 2002. In: T. P., V. D. (eds.) The Vehicle Routing Problem, SIAM Monographs on Discrete Mathematics and Applications, Vol. 9, pp. 129–154. Springer
69. Gillett, B., Miller, L.: A heuristic algorithm for the vehicle dispatch problem. Operation Research **22**, 340–349 (1974)
70. Glover, F., Laguna, M.: Tabu Search. Kluwer Academic Publishers (1997)
71. Goldberg, D., Korb, B., Deb, K.: Messy genetic algorithms: Motivation, analysis and first results. Complex Systems **3**, 493–530 (1989)
72. Golden, B., Raghavan, S., Wasil, E.A.: The Vehicle Routing Problem: Latest Advances and New Challenges. Springer Science & Business Media, Vol 43 (2008)
73. Han, L., Kendall, G.: Guided operators for a hyper-heuristic genetic algorithm. In: A1 2003: Advances in Artificial Intelligence, pp. 807–820 (2003)
74. Hansen, P., Mladenovic, N.: Variable neighbourhood search: Principles and applications. European Journal of Operational Research **130**, 449–467 (2001)
75. Harris, S., Bueter, T., Tauritz, D.: A comparison of genetic programming variants for hyper-heuristics. In: Proceedings of the 2015 Annual Conference on Genetic Programming and Evolutionary Computation (GECCO'15), pp. 1043–1050 (2015)
76. Haspeslagh, S., Causmaecker, P.D., Schaerf, A., Stølevik, M.: The first international nurse rostering competition 2010. Annals of Operations Research **218**(1), 221–236 (2014)
77. Homberger, J., Gehring, H.: A two-phase hybrid metaheuristic for the vehicle routing problem with time windows. European Journal of Operational Research **162**(1), 220–238 (2005)
78. Hong, L., Drake, J.H., Woodward, J.R., Ozcan, E.: A hyper-heuristic approach to automated generation of mutation operators for evolutionary programming. Applied Soft Computing **62**, 162–175s (2018)
79. Hruska, F., Kubalik, J.: Selection hyper-heuristic using a portfolio of derivative heuristics. In: Proceedings of the Companion Publication of the 2015 Annual Conference on Genetic and Evolutionary Computation (GECCO'15), pp. 1401–1402 (2015)

80. Hsiao, P.C., Chiang, T.C., Fu, L.C.: A variable neighbourhood search-based hyper-heuristic for cross-domain optimization problems in CHeSC 2011 competition. http://www.asap.cs.nott.ac.uk/external/chesc2011/entries/hsiao-chesc.pdf (2011)
81. Hsiao, P.C., Chiang, T.C., Han, L.: A VNS-based hyper-heuristic with adaptive computational budget of local search. In: Proceedings of the WCCI 2012 World Congress on Computational Intelligence, pp. 1–8 (2012)
82. Hyde, M.: A genetic programming hyper-heuristic approach to automated packing. Ph.D. thesis, School of Computer Science, University of Nottingham (2010)
83. Ikegami, A., Niwa, A.: A subproblem-centric model and approach to the nurse scheduling problem. Mathematical Programming **97**(3), 517–541 (2003)
84. Jacobsen-Grocott, J., Mei, Y., Chen, G., Zhang, M.: Evolving heuristics for dynamic vehicle routing with time windows using genetic programming pp. 1948–1955 (2017)
85. Jia, Y., Cohen, M., Harman, M., Petke, J.: Learning combinatorial interaction test generaiton strategies using hyper-heuristics search. In: Proceedings of the 37th IEEE Conference on Software Engineering, pp. 540–550 (2015)
86. Jin, Y.: A comprehensive survey of fitness approximation in evolutionary computation. Soft Computing **9**, 3–12 (2005)
87. Jones, T.: Crossover, macromutation, and population-based search. In: Proceedings of the Sixth International Conference on Genetic Algorithms, pp. 73–80 (1995)
88. Keller, R., Poli, R.: Self-adaptive hyper-heuristic and greedy search. In: Proceedings of 2008 IEEE World Congress on Computational Intelligence (WCCI'08), pp. 3801–3801. IEEE (2008)
89. Kendall, G., Cowling, P.: Choice function and random hyperheuristics. In: Springer (ed.) Proceedings of the Fourth Asia-Pacific Conference on Simulated Evolution and Learning (SEAL), pp. 667–671 (2002)
90. Kendall, G., Hussin, N.: An investigation of a tabu-search-based hyper-heuristic for examination timetabling. In: S.P. G. Kendall E.K. Burke, M. Gendreau (eds.) Multidisciplinary Scheduling: Theory and Applications, pp. 309–328 (2005)
91. Kheiri, A., Keedwell, E.: Markov chain selection hyper-heuristic for the optimisation of constrained magic squares. In: UKCI 2015: UK Workshop on Computational Intelligence (2015)
92. Kheiri, A., Keedwell, E.: A sequence-based selection hyper-heuristic utilising a hidden markov model. In: Proceedings of 2015 Annual Conference on Genetic and Evolutionary Computation, pp. 417–424 (2015)
93. Kheiri, A., Özcan, E.: An iterated multi-stage selection hyper-heuristic. European Journal of Operational Research **250**, 77–90 (2016)
94. Kilby, P., Prosser, P., Shaw, P.: Dynamic VRPs: A study of scenarios. In: Report APES-06-1998, http://www.cs.strath.ac.uk/ apes/apereports.html. University of Strathclyde (1998)
95. Kiraz, B., Uyar, A.S., Ozcan, E.: An investigation of selection hyper-heuristics in dynamic environments. EvoApplications: Applications of Evolutionary Computations, Lecture Notes in Computer Science **6624**, 314–323 (2011)
96. Koza, J.: Genetic Programming: On the Programming of Computers by Means of Natural Selection, 1st edn. MIT (1992)
97. Laporte, G., Gendreau, M., Potvin, J., Semet, F.: Classical and modern heuristics for the vehicle routing problem. International Transactions in Operational Research **7**, 285–300 (2000)
98. Larose, M.: A hyper-heuristic for the CHeSC 2011. http://www.asap.cs.nott.ac.uk/external/chesc2011/entries/larose-chesc.pdf (2011)
99. Lassouaoui, M., Boughaci, D., Benhamou, B.: A hyper-heuristic method for MAX-SAT. In: Proceedings of the International Conference on Metaheuristics and Nature Inspired Computer (META'14), pp. 1–3 (2014)
100. Lehre, P., Özcan, E.: A runtime analysis of simple hyper-heuristics: To mix or not to mix operators. In: Proceedings of the Twelfth Workshop on Foundations of Genetic Algorithms, pp. 97–104 (2009)
101. Lenstra, J., Kan, A.: Complexity of vehicle routing and scheduling problems. Networks **11**(2), 221–227 (1981)

102. Li, D., Zhan, R., Zheng, D., Li, M., Kaku, I.: A hybrid evolutionary hyper-heuristic approach for intercell scheduling considering transportation capacity. IEEE Transactions on Automation Science and Engineering **12**(2), 1072–1089 (2016)
103. Li, J., Burke, E., Qu, R.: Integrating neural networks and logistic regression to underpin hyper-heuristic search. Knowledge-Based Systems **24**(2), 322–330 (2010)
104. Liu, Y., Mei, Y., Zhang, M., Zhang, Z.: Automated heuristic design using genetic programming hyper-heuristic for uncertain capacitated arc routing problem pp. 290–297 (2017)
105. López-Camacho, E., Terashima-Marin, H., Ross, P., Ochoa, G.: A unified hyper-heuristic framework for solving bin packing problems. Expert Systems with Applications **41**, 6876–6889 (2014)
106. Lourenco, H., Martin, O., Stutzle, T.: Handbook of Metaheuristics, *International Series in Operations Research and Management Science*, vol. 57, chap. Iterated Local Search, pp. 320–353. Springer (2003)
107. Lourenco, N., Pereira, F., Costa, E.: The importance of the learning conditions in hyper-heuristics. In: Proceedings of the 15th Annual Conference on Genetic and Evolutionary Computation, pp. 1525–1532 (2013)
108. Maashi, M., Kendall, G., Özcan, E.: Choice function based hyper-heuristics for multi-objective optimization. Applied Soft Computing **28**, 312–326 (2015)
109. Martello, S., Pisinger, D., Vig, D.: The three-dimensional bin packing problem. Operations Research **48**(2), 256–267 (2000)
110. McKay, R., Hoai, N., Whigham, P., Shan, Y., O'Neill, M.: Grammar-based genetic programming: A survey. Genetic Programming and Evolvable Machines **11**(3), 365–396 (2010)
111. Mei, Y., Zhang, M.: A comprehensive analysis on reusability of GP-evolved job shop dispatching rules. In: Proceedings of the 2016 IEEE Congress on Evolutionary Computation (CEC'16), pp. 3590–3597 (2016)
112. Meignan, D.: An evolutionary programming hyper-heuristic with co-evolution for chesc'11. http://www.asap.cs.nott.ac.uk/external/chesc2011/entries/meignan-chesc.pdf (2011)
113. Meignan, D., Koukam, A., Creput, J.: Coalition-based metaheuristic: a self-adaptive metaheuristic using reinforcement learning and mimetism. Journal of Heuristics **16**(6), 859–879 (2010)
114. Merlot, L., Boland, N., Hughes, B., Stuckey, P.: A hybrid algorithm for the examination timetabling problem. In: Burke, E. and Causmaecker, P. (eds.): Selected Papers from the 4th International Conference on the Practice and Theory of Automated Timetabling, pp. 207–231. Lecture Notes in Computer Science 2740 (2002)
115. Merz, P., Freisleben, B.: Fitness landscapes, memetic algorithms, and greedy operators for graph bipartitiioning. Evolutionary Computation **1**, 61–91 (2000)
116. Miranda, P., Prudencio, R., Pappa, G.: H3ad: A hybrid hyper-heuristic for algorithm design. Information Sciences **414**, 340–354 (2017)
117. Misir, M., Causmaecker, P.D., Berghe, G.V., Verbeeck, K.: An adaptive hyper-heuristic for chesc 2011. http://www.asap.cs.nott.ac.uk/external/chesc2011/entries/misir-chesc.pdf (2011)
118. Misir, M., Verbeeck, K., Causmaecker, P.D., Berghe, G.: Hyper-heuristics with a dynamic heuristic set for the home care scheduling problem. In: Proceedings of 2010 IEEE Congress on Evolutionary Computation (CEC'2010), p. 10.1109/CEC.2010.5586348 (2010)
119. Misir, M., Verbeeck, K., Causmaecker, P.D., Berghe, G.: An investigation on the generality level of selection hyper-heuristics under different empirical conditions. Applied Soft Computing **13**(7), 3335–3353 (2013)
120. Misir, M., Verbeeck, K., Causmaecker, P.D., Berghe, G.V.: A new hyper-heuristic as a general problem solver: An implementation in hyflex. Journal of Scheduling **16**, 291–311 (2013)
121. Misir, M., Wauters, T., Verbeeck, K., Berghe, G.: A hyper-heuristic with learning automata for the travelling tournament problem. In: Metaheuristics: Intelligent Decision Making, chap. 21, pp. 325–345. Springer (2012)
122. Mlejnek, J., Kubalik, J.: Evolutionary hyperheuristic for capacitated vehicle routing problem. In: The 15th Annual Conference on Genetic and Evolutionary Computation, pp. 219–220 (2013)

123. Mole, R., Jameson, S.: A sequential route-building algorithm employing a generalised savings criterion. Operational Research Quarterly **27**, 503–511 (1976)
124. Nguyen, S., Zhang, M., Johnston, M.: A genetic programming based hyper-heuristic approach for combinatorial optimization. In: Proceedings of the Genetic and Evolutionary Computation Conference (GECCO'15), pp. 1299–1306. ACM (2015)
125. Nyathi, T., Pillay, N.: Comparison of a genetic algorithm to grammatical evolution for automated design of genetic programming classification algorithms. Expert Systems with Applications **104**, 213–234 (2018)
126. Ochoa, G., Hyde, M., Curtois, T., Vazquez-Rodriguez, J.A., Walker, J., Gendreau, M., Kendall, G., McCollum, B., J.Parkes, A., Petrovi, S., Burke, E.K.: Hyflex: A benchmark framework for cross-domain heuristic search. In: Lecture Notes in Computer Science (EvoCOP 2012), vol. 7245, pp. 136–147. Springer (2012)
127. Ochoa, G., Qu, R., Burke, E.: Analyzing the landscape of a graph based hyper-heuristic for timetabling problems. In: The Genetic and Evolutionary Computation Conference (GECCO'09), pp. 341–348 (2009)
128. Ochoa, G., Veerapen, N.: Deconstructing the big valley search space hypothesis. In: Chicano F, Hu B, García-Sánchez P (ed.) Evolutionary Computation in Combinatorial Optimization: 16th European Conference (EvoCOP 2016), pp. 58–73 (2016)
129. O'Neill, M., Ryan, C.: Grammatical Evolution: Evolutionary Automatic Programming in an Arbitrary Language. Springer (2003)
130. Osogami, T., Imai, H.: Classification of various neighborhood operations for the nurse scheduling problem. In: Technical Report 135. The Institute of Statistical Mathematics (2000)
131. Özcan, E., Misir, M., Burke, E.: A self-organizing hyper-heuristic framework. In: Proceedings of the Multidisciplinary International Conference on Scheduling: Theory and Applications (MISTA 2009), pp. 784–787 (2009)
132. Özcan, E., Misir, M., Ochoa, G., Burke, E.: A reinforcement learning-great-deluge hyper-heuristic for examination timetabling. International Journal of Applied Metaheursitic Computing pp. 39–59 (2010)
133. Özcan, E., Parkes, A.: Policy matrix evolution for generation of heuristics. In: Proceedings of the 13th Annual Conference on Genetic and Evolutionary Computation, pp. 2011–2018 (2011)
134. Papadimitriou, C., Steiglitz, K.: Combinatorial Optimization: Algorithms and Complexity. Dover (1998)
135. Petrovic, S., Qu, R.: Cased-based reasoning as a heuristic selector in a hyper-heuristic for course timetabling problems. In: Knowledge-Based Intelligent Information Engineering Systems and Applied Technologies, Proceedings of KES'02, vol. 82, pp. 336–340 (2002)
136. Pillac, V., Gendreau, M., Guéret, C., Medaglia, A.: A review of dynamic vehicle routing problems. Networks **225**(1), 1–11 (2013)
137. Pillay, N.: Evolving hyper-heuristics for the uncapacitated examination timetabling problem. In: Proceedings of the Multidisciplinary International Conference on Scheduling, pp. 409–422 (2009)
138. Pillay, N.: Evolving heuristics for the school timetabling problem. In: Proceedings of the 2011 IEEE Conference on Intelligent Computing and Intelligent Systems (ICIS 2011), vol. 3, pp. 281–286 (2011)
139. Pillay, N.: Evolving hyper-heuristics for the uncapacitated examination timetabling problem. Journal of Operational Research Society **63**(47-58) (2012)
140. Pillay, N.: A study of evolutionary algorithm hyper-heuristics for the one-dimensional bin-packing problem. South African Computer Journal **48**, 31–40 (2012)
141. Pillay, N.: Evolving construction heuristics for the curriculum based university course timetabling problem. In: Proceedings of the IEEE Congress on Evolutionary Computation (CEC'16), pp. 4437–4443. IEEE (2016)
142. Pillay, N.: A review of hyper-heuristics for educational timetabling. Annals of Operations Research **239**(1), 3–38 (2016)

143. Pillay, N., Banzhaf, W.: A study of heuristic combinations for hyper heuristic systems for the uncapacitated examination timetabling problem. European Journal of Operational Research **197**, 482–491 (2009)
144. Pillay, N., Banzhaf, W.: An informed genetic algorithm for the examination timetabling problem. Applied Soft Computing **10**, 457–467 (2010)
145. Pillay, N., Beckedahl, D.: EvoHyp-a Java toolkit for evolutionary algorithm hyper-heuristics. In: Proceedings of the 2017 IEEE Congress on Evolutionary Computation, pp. 2707–2713s (2017)
146. Pillay, N., Ozcan, E.: Automated generation of constructive ordering heuristics for educational timetabling. Annals of Operations Research pp. https://doi.org/10.1007/s10,479–017–2625–x (2017)
147. Pillay, N., Qu, R.: Assessing hyper-heuristic performance. European Journal of Operational Research (under review) (2018)
148. Pillay, N., Rae, C.: A survey of hyper-heuristics for the nurse rostering problem pp. 115–122 (2012)
149. Pisinger, D., Ropke, S.: A general heuristic for vehicle routing problems. Computers & Operations Research **34**(8), 2403–2435 (2007)
150. Poli, R., Graff, M.: There is a free lunch for hyper-heuristics, genetic programming and computer scientists. In: European Conference on Genetic Programming (EuroGP 2009), pp. 195–207 (2009)
151. Qu, R., Burke, E.: Hybridisations within a graph based hyper-heuristic framework for university timetabling problems. Journal of Operational Research Society **60**, 1273–1285 (2009)
152. Qu, R., Burke, E., McCollum, B.: Adaptive automated construction of hybrid heuristics for exam timetabling and graph colouring problems. European Journal of Operational Research **198**(2), 392–404 (2009)
153. Qu, R., Burke, E., McCollum, B., Merlot, L., Lee, S.: A survey of search methodologies and automated system development for examination timetabling. Journal of Scheduling **12**(1), 55–89 (2009)
154. Qu, R., Pham, N., Bai, R., Kendall, G.: Hybridising heuristics within an estimation distribution algorithm for examination timetabling. Applied Intelligence **42**(4), 679–693 (2015)
155. Qu, R., Pillay, N.: A theoretical framework for hyper-heuristics. IEEE Transactions on Evolutionary Computation (under review) (2017)
156. Rae, C., Pillay, N.: Investigation into an evolutionary algorithm hyper-heuristic for the nurse rostering problem. In: Proceedings of the 10th International Conference on the Practice and Theory of Automated Timetabling, pp. 527–532 (2014)
157. Raghavjee, R., Pillay, N.: A genetic algorithm selection perturbative hyper-heuristic for solving the school timetabling problem. ORiON **31**(1), 39–60 (2015)
158. Reinelt, G.: Tsplib, a traveling salesman problem library. ORSA Journal on Computing **3**(4), 376–384 (1991)
159. Ritzinger, U., Puchinger, J., Hartl, R.: A survey on dynamic and stochastic vehicle routing problems. International Journal of Production Research **54**(1), 215–231 (2016)
160. Ross, P., Marin-Blazquez, J., Hart, E.: Hyper-heuristics applied to class and exam timetabling problems. In: Proceedings of the IEEE Congress of Evolutionary Computation CEC'04, pp. 1691–1698 (2004)
161. Ross, P., Marn-Blazquez, J., Schulenburg, S., Hart, E.: Learning a procedure that can solve hard bin-packing problems: A new GA-based approach to hyper-heuristics. In: Lecture Notes in Computer Science - GECCO 2003, vol. 2724, pp. 1295–1306. Springer (2003)
162. Ross, P., Schulenburg, S., Marin-Blazquez, J., Hart, E.: Hyper-heuristics: Learning to combine simple heuristics in bin-packing problems. In: Proceedings of the Genetic and Evolutionary Computation Conference, GECCO'02, pp. 942–948 (2002)
163. Ryser-Welch, P., Miller, J.F., Asta, S.: Generating human-readable algorithms for the travelling salesman problem using hyper-heuristics. In: Proceedings of the Companion Publication of the 2015 Annual Conference on Genetic and Evolutionary Computation, pp. 1067–1074. ACM (2015)

164. Sabar, N., Ayob, M., Kendall, G., Qu, R.: Grammatical evolution hyper-heuristic for combinatorial optimization problems. IEEE Transactions on Evolutionary Computation **17**(6), 840–861 (2013)
165. Sabar, N., Ayob, M., Qu, R., Kendall, G.: A graph colouring constructive hyper-heuristic for examination timetabling problems. Applied Intelligence **37**(1), 1–11 (2012)
166. Sabar, N., Zhang, X., Song, A.: A math-hyper-heuristic approach for large-scale vehicle routing problems with time windows, pp. 830–837 (2015)
167. Sabar, N.R., Ayob, M., Kendall, G., Qu, R.: Automatic design of a hyper-heuristic framework with gene expression programming for combinatorial optimization problems. IEEE Transactions on Evolutionary Computation **19**(3), 309–325 (2015)
168. Sabar, N.R., Kendall, G.: Population based Monte Carlo tree search hyper-heuristic. Information Sciences **314**, 225–239 (2015)
169. Sabar, N.R., Kendall, G., Qu, R.: A dynamic multi-armed bandit-gene expression programming hyper-heuristic for combinatorial optimization problems. IEEE Transactions on Cybernetics **45**(2), 217–228 (2015)
170. Saint-Guillain, M., Devill, Y., Solnon, C.: A multistage stochastic programming approach to the dynamic and stochastic VRPTW. In: International Conference on AI and OR Techniques in Constraint Programming for Combinatorial Optimization Problems, pp. 357–374. Springer (2015)
171. Scholl, A., Klein, R., Jurgens, C.: Bison: A fast hybrid procedure for exactly solving the one-dimensional bin packing problem. Computers and Operations Research **24**(7), 5–30 (1997)
172. Segredo, E., Lalla-Ruiz, E., Hart, E., Paechter, B., Voss, S.: Hybridization of evolutionary algorithms through hyper-heuristics for global continuous optimization. In: Proceedings of the International Conference on Learning and Intelligent Optimization (LION 2016), pp. 296–305 (2016)
173. Shahriar, A., Özcan, E., Curtois, T.: A tensor based hyper-heuristic for nurse rostering. Knowledge-Based Systems **98**(1), 185–199 (2016)
174. Sim, K., Hart, E.: Generating single and multiple cooperative heuristics for the one dimensional bin packing problem using a single node genetic programming island model. In: Proceedings of the 5th Annual Conference on Genetic and Evolutionary Computation(GECCO'13), pp. 1549–1556. ACM (2013)
175. Sim, K., Hart, E.: A combined generative and selective hyper-heuristic for the vehicle routing problem. In: Proceedings of the 21st Annual Conference on Genetic and Evolutionary Computation (GECCO'16), pp. 1093–1100 (2016)
176. Solomon, M.: Algorithms for the vehicle routing and scheduling problems with time window constraints. Operations Research **35**(2), 254–265 (1987)
177. Soria-Alcaraz, J., Ochoa, G., Sotelo-Figeroa, M., Burke, E.: A methodology for determining an effective subset of heuristics in selection hyper-heuristics. European Journal of Operational Research **260**(3), 972–983 (2017)
178. Sosa-Ascencio, A., Ochoa, G., Terashima-Marin, H., Conant-Pablos, S.: Grammar-based generation of variable-selection heuristics for constraint satisfaction problems. Genetic Programming and Evolvable Machines **17**(2), 119–144 (2015)
179. Swan, J., Causmaecker, P.D., Martin, S., Özcan, E.: A re-characterization of hyper-heuristics. In: L. Amodeo, E.G. Talbi, F. Yalaoui (eds.) Recent Developments of Metaheuristics, pp. 1–16. Springer (2016)
180. Swan, J., Woodward, J., Özcan, E., Kendall, G., Burke, E.: Searching the hyper-heuristic design space. Cognitive Computation **6**(1), 66–73 (2014)
181. Terashima-Marin, H., Ortiz-Bayliss, J., Ross, P., Valenzuela-Rendon, M.: Hyper-heuristics for the dynamic variable ordering in constraint satisfaction problem. In: Proceedings of the 10th Annual Conference on Genetic and Evolutionary Computation (GECCO'08), pp. 571–578. ACM (2008)
182. Terashima-Marín, H., Ross, P., López-Camacho, E., Valenzuela-Rendón, M.: Generalized hyper-heuristics for solving 2D regular and irregular packing problems. Annals of Operations Research **179**, 369–392 (2010)

183. Terashima-Marín, H., Ross, P., Valenzuela-Rendón, M.: Evolution of constraint satisfaction strategies in examination timetabling **1**, 635–642 (1999)
184. Terashima-Marin, H., Zarate, C., Ross, P., Valenzuela-Rendon, M.: A ga-based method to produce generalized hyper-heuristics for the 2D-regular cutting stock problem. In: Proceedings of the 8th Annual Conference on Genetic Programming and Evolutionary Algorithms, pp. 591–598. ACM (2006)
185. Toth, P., Vigo, D.: Models, relaxations and exact approaches for the capacitated vehicle routing problem. Discrete Applied Mathematics **123**(13), 487–512 (2002)
186. Toth, P., Vigo, D.: An overview of vehicle routing problems. In: The Vehicle Rrouting Problem, pp. 1–26 (2002)
187. Tyasnurita, R., Özcan, E., John, R.: Learning heuristic selection using a time delay neural network for open vehicle routing. In: 2017 IEEE Congress on Evolutionary Computation, pp. 1474–1481 (2017)
188. Valouxis, C., Housos, E.: Hybrid optimisation techniques for the workshift and rest assignment of nursing personnel. Artificial Intelligence in Medicine **20**, 155–175 (2000)
189. Vázquez-Rodríguez, J., Petrovic, S.: A new dispatching rule based genetic algorithm for the multi-objective job shop problem for the multi-objective job shop problem. Journal of Heuristics **16**, 771–793 (2010)
190. Walker, D.J., Keedwell, E.: Multi-objective optimisation with a sequence-based selection hyper-heuristic. In: Proceedings of the 2016 Companion Conference on Genetic and Evolutionary Computation, pp. 81–82 (2016)
191. Walker, J., Ochoa, G., Gendreau, M., Burke, E.: Vehicle routing and adaptive iterated local search within the hyflex hyper-heuristic framework, pp. 265–276 (2012)
192. Weinberger, E.: Correlated and uncorrelated fitness landscapes and how to tell the difference. Biological Cybernetics **63**, 325–336 (1990)
193. Weise, T., Devert, A., Tang, K.: A developmental solution to (dynamic) capacitated arc routing problems using genetic programming, pp. 831–838 (2012)
194. Whitley, D., Watson, J.: Complexity theory and the no free lunch theorem. In: Burke, E.K. and Kendall, G. (eds.) Search Methodologies: Introductory Tutorials in Optimization and Decision Support Techniques, Chapter. 11, pp. 317–339 (2005)

部分缩略语和符号

缩略语

HH	超启发式算法
SCH	选择构造类超启发式算法
SPH	选择摄动类超启发式算法
GCH	生成构造类超启发式算法
GPH	生成摄动类超启发式算法

符号

P	高维组合优化问题，该优化问题的决策变量是启发式算法配置 h
H	由用于求解问题 P 的启发式算法配置 h 构成的高层次搜索空间
h	由 L 中低层次启发式算法组成的启发式算法配置，$h \in H$
F	求解问题 P 的高层次目标函数，$F(h) \to R$
L	给定的一组针对特定问题领域的低层次启发式算法，用于创建启发式算法配置 h
p	当前正在考虑的优化问题
s	问题 p 的方向解
S	问题 p 的低层次解空间，$s \in S$
f	问题 p 的低层次目标函数，$f(s) \to R$
I	问题 p 的问题实例
i	问题 p 的单个问题实例
A	问题 p 的属性，例如，在考试时间表编排问题中学生的数量

译 者 简 介

李小帅，国防科技大学副教授，硕士研究生导师，校级拔尖人才培养对象，澳大利亚麦考瑞大学与哈尔滨工业大学双博士学位，研究方向为：群体智能、强化学习、无人集群智能决策等。主持参与国家级、军队级科研项目多项，发表高水平学术论文20余篇，申请国家发明专利20余项，担任多个国际期刊会议审稿人。

姜晓平，国防科技大学校聘副教授，英国诺丁汉大学计算机科学与运筹学博士。研究方向为：运筹优化、计算智能、强化学习和系统建模等，研究成果应用于物流运输调度优化和智能任务规划等领域，主持参与多项国家级、军队级科研项目，在EJOR、COR、IJPR、ESWA、INFOR等运筹优化领域国际知名期刊发表学术论文20余篇，申请专利10余项，主讲本科生课程《最优化理论》，指导学生参加数学建模类国内外、军内外多项高水平赛事，获得10余项国际级、国家级、省部级奖项。

杨俊安，国防科技大学教授，博士研究生导师，研究方向为：机器学习、智能信息处理等。主持承担国家级、军队级科研项目多项，获中国电子学会科技进步一等奖1项，军队科技进步奖多项，发表学术论文200余篇，授权/受理国家发明专利20余项，出版学术专著5部。

内 容 简 介

作为全球首本关于超启发式算法的专著，本书系统地介绍了超启发式算法的基础理论和实际应用，是一本能帮助读者快速入门超启发式算法的教材和参考书。

全书从内容上分为三大部分。第一部分主要介绍超启发式算法的基础理论，其中第 1 章介绍了超启发式算法的内涵和分类，第 2 章～第 5 章分别详细介绍了选择构造类、选择摄动类、生成构造类、生成摄动类这四类超启发式算法，第 6 章从理论层面给出了超启发式算法的严格定义和基本框架。第二部分重点介绍超启发式算法在多种实际优化问题中的应用，其中第 7～10 章分别详细介绍了如何设计超启发式算法来求解车辆路径规划、护士排班、装箱、考试时间表编排这 4 种应用广泛的优化问题，第 11 章介绍了多领域通用的超启发式算法，并重点介绍了这一领域的最新研究进展。第三部分总结了超启发式算法领域的研究现状，并展望该领域未来的发展方向，其中第 12 章重点介绍了超启发式算法领域的几种高级算法，包括混合超启发式算法、用于自动化设计的超启发式算法、基于超启发式算法的自动化设计和连续优化，第 13 章介绍了超启发式算法领域的发展趋势。本书面向从事超启发式算法领域工作的高年级本科生、研究生和相关专业的科研人员，也可作为超启发式算法相关研究生课程的教材。